柴犬版 家庭犬の医学

いちばん役立つ
ペットシリーズ

Shi-Ba【シーバ】
編集部・編

目次

4 柴犬ってこんな犬
6 柴犬の健康を守るために
・異常を早期発見するためには
・体のチェックポイント
8 動物病院の選び方
・動物病院を選ぶポイント
・動物病院で確認しておきたいこと
10 柴犬の体のつくり 骨格編
12 柴犬の体のつくり 内臓編
14 年齢別に多い病気
子犬・幼犬期
成犬期
シニア期

1章 目の病気
18 《目のつくり》
19 睫毛異常
20 角膜炎／結膜炎
21 ぶどう膜炎／核硬化症
22 乾性角結膜炎（ドライアイ）／流涙症
23 網膜剥離／網膜変性症
24 白内障
25 【柴犬に多い病気】緑内障
26 読み物●日々のお手入れが愛犬の健康を守る

2章 呼吸器の病気
28 《鼻のつくり》《気管のつくり》
29 鼻炎／軟口蓋下垂
30 気管虚脱／気管支拡張症
31 咽喉頭麻痺
32 《肺のつくり》／肺炎
33 肺水腫／気管支炎
34 気胸／肺腫瘍

3章 歯・口腔内の病気
36 《歯のつくり》《犬の歯の種類》
37 歯周病
38 口腔内腫瘤
39 破折・咬耗
40 乳歯遺残／口内炎・舌炎
41 顎関節症
42 咬み合わせの話
44 【柴犬に多い病気】第4前臼歯破折

4章 消化器系の病気
46 《消化器の流れ》
47 《臓器から分泌される消化液》
48 食道炎
49 食道拡張症
50 《胃のつくり》
51 胃炎／胃酸分泌過多
52 胃食道重積／胃食道裂孔ヘルニア
53 胃拡張胃捻転症候群
54 《肝臓・胆嚢のつくり》《膵臓・脾臓のつくり》
55 慢性肝炎／急性肝炎
56 肝臓の非炎症系疾患（門脈体循環シャント／先天性肝障害）／肝臓腫瘍
57 胆嚢粘液嚢腫
58 急性膵炎／膵外分泌機能不全
59 《小腸・大腸・肛門のつくり》
60 小腸疾患（急性胃腸炎／十二指腸炎／炎症性腸症／リンパ管拡張症／腸内寄生虫）
62 大腸疾患（大腸炎／大腸ポリープ／大腸癌）
64 タンパク漏出性腸症／腸閉塞
65 肛門周囲腺癌・肛門周囲腺腫
66 肛門嚢アポクリン腺癌
67 会陰ヘルニア
68 誤飲・誤食
70 【柴犬に多い病気】胆石症・胆泥症

5章 泌尿器・生殖器の病気
72 《腎臓のつくり》
73 急性腎不全／慢性腎不全
74 腎臓の異常（特発性腎出血／水腎症／腎嚢胞／腎臓癌）
76 膀胱炎／膀胱癌
77 細菌性膀胱炎
78 尿道閉塞・尿管閉塞／尿路損傷
79 《生殖器のつくり》
80 精巣腫瘍／卵巣腫瘍
81 前立腺炎／前立腺肥大
82 前立腺癌／乳腺腫瘍
83 子宮蓄膿症
84 【柴犬に多い病気】尿路結石
86 読み物●正しい使用方法で安全に薬を与えよう

6章 循環器の病気
88 《心臓のつくり》
89 僧帽弁閉鎖不全症（MR）

90 三尖弁閉鎖不全症（TR）／肺高血圧症
91 フィラリア症
92 心筋症／不整脈／心臓奇形
93 【柴犬に多い病気】心不全
94 **読み物●医療の発展で進む動物の高度医療**

7章 血液・免疫系の病気

96 《犬の体内でつくられるホルモンの一覧》
97 免疫介在性溶血性貧血（IMHA）
98 免疫介在性血小板減少症（IMT）／再生不良性貧血
99 多血症
100 副腎皮質機能亢進症
101 副腎皮質機能低下症
102 尿崩症／卵巣嚢腫
103 糖尿病
104 【柴犬に多い病気】甲状腺機能低下症

8章 脳・神経系の病気

106 《脳のつくり》
107 てんかん／脳炎
108 水頭症／脳腫瘍
109 《犬の体の神経》／神経系腫瘍
110 変形性脊椎症
111 脊髄軟化症／脊髄梗塞
112 【柴犬に多い病気】認知症
114 【柴犬に多い病気】前庭障害

9章 骨・関節の病気

116 《骨のつくり》／骨折
117 関節炎
118 免疫介在性関節炎／骨腫瘍
119 【柴犬に多い病気】前十字靭帯断裂
120 【柴犬に多い病気】股関節脱臼
122 【柴犬に多い病気】膝蓋骨脱臼
124 【柴犬に多い病気】股異形成（股関節形成不全）
126 **読み物●病気の早期発見、早期治療に役立つ健康診断を定期的に受けよう**

10章 皮膚・耳の病気

130 《皮膚のつくり》
131 **子犬〜若犬に多い病気**
膿皮症／真菌症／ニキビダニ症／皮膚疥癬／耳疥癬／マラセチア外耳道炎／食物アレルギー
134 **成犬に多い病気**
脂漏性皮膚炎／指間炎／マラセチア性皮膚炎／免疫介在性皮膚炎／アレルギー性皮膚炎
136 **シニア犬に多い病気**
甲状腺機能低下症／副腎皮質亢進症／ノミアレルギー性皮膚炎／膿皮症／真菌症／ニキビダニ症／皮膚腫瘤
138 《耳のつくり》
139 中耳炎・内耳炎／耳血腫
140 耳垢腺癌／真珠腫
141 【柴犬に多い病気】アトピー性皮膚炎
142 【柴犬に多い病気】外耳炎
143 【柴犬に多い病気】皮膚糸状菌症
144 **読み物●動物医療で取り入れられる東洋医学**

11章 感染症

146 **ウイルス感染**
犬パルボウイルス感染症／犬コロナウイルス感染症／犬ジステンパー／犬伝染性肝炎／ケンネルコフ／狂犬病
148 **細菌感染**
ブルセラ病／レプトスピラ病／ブドウ球菌／カンピロバクター／大腸菌／パスツレラ症
151 **真菌感染**
犬糸状菌／カンジダ
152 **寄生虫感染**
マダニ感染症／ノミ感染症／フィラリア症／内部寄生虫
154 **主な内部寄生虫**

12章 腫瘍

156 腫瘍に対しての向き合い方
158 リンパ腫／《犬のリンパ節》
159 肥満細胞腫／悪性組織球肉腫
160 血管肉腫／骨肉腫／甲状腺腫瘍
161 扁平上皮癌／悪性黒色腫
162 愛犬の身近にある中毒の原因

気になる症状から病気を調べる

166 食欲がない・食欲が増える
167 歩き方がいつもと違う
168 嘔吐／下痢・便秘
169 オシッコがいつもと違う／いつもと体のにおいが違う
170 皮膚の色がいつもと違う／かゆがる・脱毛がある
171 呼吸音がいつもと違う／目の様子がいつもと違う
172 急激に痩せる・むくむ／その他の症状
173 こんな症状は迷わず動物病院へ！
174 病名索引

昔から日本人とともに生きてきた柴犬。ちょっとツンデレだったりマイペースだったりと個性豊かな柴犬に魅了され、柴犬中心の日本犬専門マガジン『Shi-Ba』を作り続けて、早20年！ ついにShi-Ba編集部から、柴犬のための医学書が発刊されました。

知っておきたい一般的な病気はもちろん、柴犬に多い病気・注意しておきたい病気を別枠で掲載。柴犬の飼いさんが知りたい情報をまとめました。愛犬の健康管理のために、ぜひお役立てください！

Shi-Ba【シーバ】編集部

Shiba

柴犬って こんな犬

1 1万年前から日本人と一緒！ 世界でも古い犬種

日本人の祖先と一緒に海を渡ってやってきて、縄文時代にはすでに人のそばにいたという、世界でも最も古い歴史を持つ犬種。狩猟を助けたり、集落を守る番犬として働いていた。

2 自立した性格のツンデレ でも飼い主が大好き！

オオカミと遺伝的に近い犬種なので、自立心と警戒心が高め。その一方で、オオカミが群れを作るように、柴犬も飼い主と深い結びつきを求める傾向がある。ツンデレと言われる所以。

3 最近ではフレンドリーで 陽気な性格の柴犬も多い

洋犬に比べて感情表現が控えめと言われてきた柴犬。最近ではフレンドリーでニコニコした笑顔を見せてくれる柴犬も増えてきて、SNSでも人気に。外国でも人気が高まっている。

柴犬の健康を守るために

愛犬の健康管理は、飼い主の手にかかっている。飼い主は彼らの健康を維持する責任と義務があるのだ。どんな病気やケガも早期発見・早期治療が何よりも大事なのは人間と変わらない。

そのために大事なのは、日々の健康チェックであり、異常にどれだけ早く気づけるかだ。まずは愛犬の〝いつもの健康な状態〟を知っておこう。普段の状態を知っておけば、異常に気がつきやすくなる。お手入れやコミュニケーションを兼ねて耳や目、口腔の様子を確認したり、全身を触ってしこりや皮膚の異常がないか確かめよう。

そして、少しでも異常を感じたら、それをメモしておくとよい。「晴れ／気温21度／午後4時頃／嘔吐1回／黄色い汁が出る／吐いた後は普段通り」というように、具体的に記入しておくと獣医師に伝わりやすい。足のふらつきなどは動画を撮っておくと有効だ。

愛犬の異常を早期発見するためには

1 日々のチェックを欠かさない

- 日々のお手入れをしながら、耳、目、皮膚や被毛に異常がないか
- 全身を撫でたり触ったりしてコミュニケーションを取りながら、しこりや痛みがないか
- 歩き方、走り方に異常がないか
- 食欲、水を飲む量に変化がないか
- ウンチやオシッコの量、におい、回数に変化がないか
- いつもと違う行動、しぐさが増えていないか

2 おかしいなと感じたら

- 異常を感じた点のメモを取る
- できるなら動画を撮っておくと、獣医師に伝わりやすい

いつから
どんな異常を感じるのか
頻度
起こる時間帯
異常が起こっていた長さ
天気・気温
直前の行動 など

3 信頼できるかかりつけ医を見つけておく

※詳しくは8-9ページ。

〈体のチェックポイント〉

体表
脱毛、湿疹、かぶれ、しこりがないか。体臭がきつくないか。

肛門
出血、ただれ、しこりなどはないか。

足
歩き方、走り方がいつも通りか。

お腹
膨らみはないか。

耳
いつもと違うにおいがしないか。赤くなったり、黒ずんだりしていないか。

目
目ヤニ、過剰な涙、濁り、充血がないか。輝きがあるか。

鼻
鼻水や鼻汁は出ていないか。異音はしないか。

口
口臭がしないか。いつもよりヨダレが多くないか。呼吸音は正常か。

動物病院の選び方

信頼できるかかりつけ医を見つけることは愛犬の健康のために重要だ。子犬を迎えると決めた時から、動物病院探しを始めておこう。実際に犬や猫を飼っている飼い主からの話を聞いておくとベスト。また、「鳥専門」「小動物専門」といった専門病院もあるので患畜対象を必ず確認しておくこと。

ありがちな失敗が、評判がよいからと遠方の動物病院に通ってしまうこと。気になることがあった時、すぐに連れて愛犬を行けるのか。また、いざという時、ママひとりで愛犬を連れて行けるのか、など考えておくとよい。

スタッフの雰囲気、病院が衛生的であるか、などと同時に重要視したいのが獣医師とのフィーリングだ。治療や金額の説明がわかりやすい、しっかりしているという点も合わせて「この獣医師ならば愛犬を預けたい」と感じられる相手を見つけられるのが一番だ。

動物病院を選ぶポイント

- 家から無理なく通える距離にある
- 飼い主さんからの評判がよい
- 待合室、診察室などが清潔に保たれている
- スタッフの雰囲気が明るい
- 獣医師とフィーリングが合う

動物病院は子犬が来る前に探し始めておくこと。子犬を迎えたら、まずは健康診断に連れて行こう。また、獣医師が自分と合うことも大切。動物医療では、わかりやすい説明をしてもらえるか、話をしっかり聞いてくれるか、など獣医師と飼い主がコミュニケーションを取れていることが大切になる。「獣医師とフィーリングが合うか」は重要なポイントだ。

動物病院で確認しておきたいこと

事前に
調べておこうね♪

- 夜間や時間外の緊急事態に対応してもらえるのか、もしくは対応病院を紹介してもらえるのか。
- 高度な医療が必要になった場合、対応病院を紹介してもらえるのか。
- ペット保険が使えるのか。
- 診察の流れ、治療方法、医療費について、事前に説明してくれるか。
- 飼い主が納得したうえで治療を進めてくれるか。

時間外にケガしたり、急に愛犬が異常を訴えることもある。そういった場合、病院で対応してもらえるのか、協力体制にある緊急病院を紹介してもらえるのか、確認しておこう。愛犬にどのような治療を行うか、最終的な判断は飼い主が行う。そのためには「診察の流れ、治療方法、医療費について、事前に説明してくれるか」がとても大事になる。

柴犬の体のつくり

骨格編

骨格は体の形を作り、内臓を守るために重要な役目を担っている。また、支柱となってやわらかい体の組織が崩れないように支えている。骨が全身を貫き筋肉と接続することで、運動が可能になる。これは人間も犬も同様だ。

体の中心を脊椎（背骨）が通っていて、この脊椎は椎骨と呼ばれる骨が連結して構

元気
いっぱいだよ

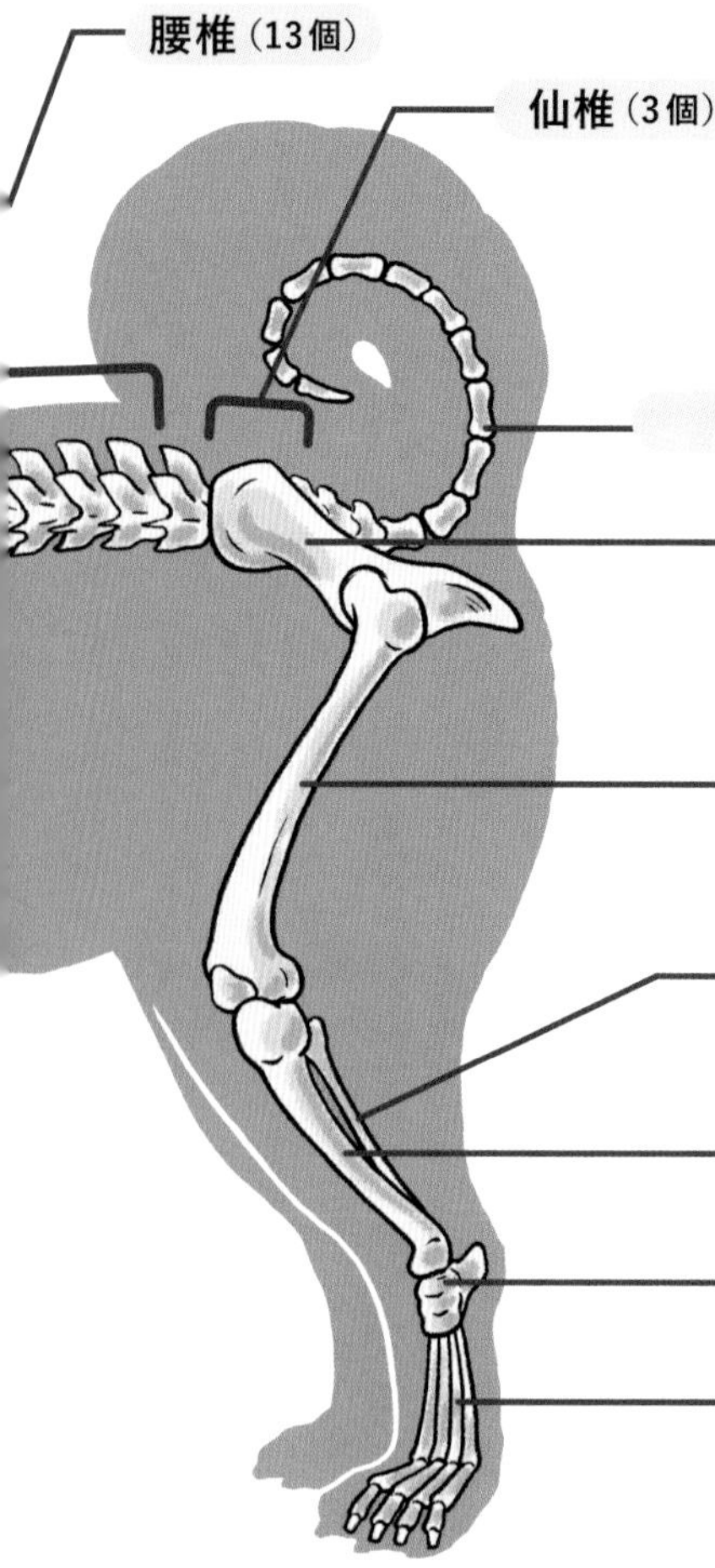
腰椎（13個）
仙椎（3個）
尾椎
骨盤
大腿骨
腓骨
脛骨
足根骨
中足骨

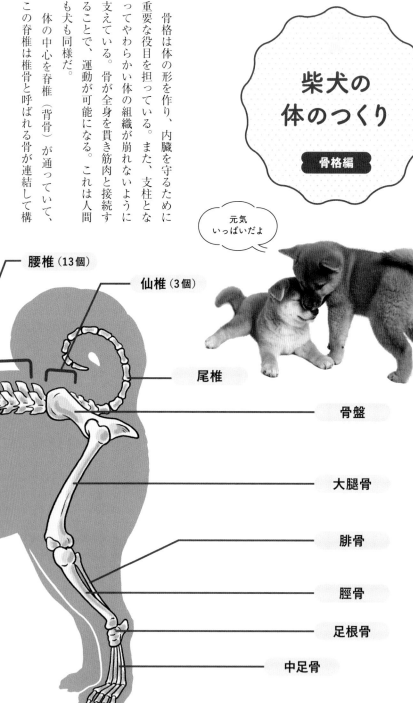

成されている。椎骨は頸椎・胸椎・腰椎・仙椎・尾椎に分かれている。頸椎7個、胸椎13個、腰椎7個、仙椎3個という数はどの犬種でも共通で、柴犬も変わりはない。尾椎の数はシッポの長さで異なってくる。

胸椎からは、内臓を囲むように肋骨が左右に拡がっている。どの犬種でも、肋骨の数は胸椎同様13対となる。

人間との大きな違いは鎖骨。犬は体の骨と前足をつなぐ鎖骨が退化しているか、あっても機能していない。つまり、体と前足をつなぐ関節が存在しないのだ。だから人間のように、前足を横に広げるような動きはできない。その分、前後に動かしやすく、早く走ることに長けている。走って獲物を追いかける犬の狩猟スタイルが、骨格にも現れているのだ。

しっかりとした骨格の柴犬からは、元気な生命力とパワーを感じられる。

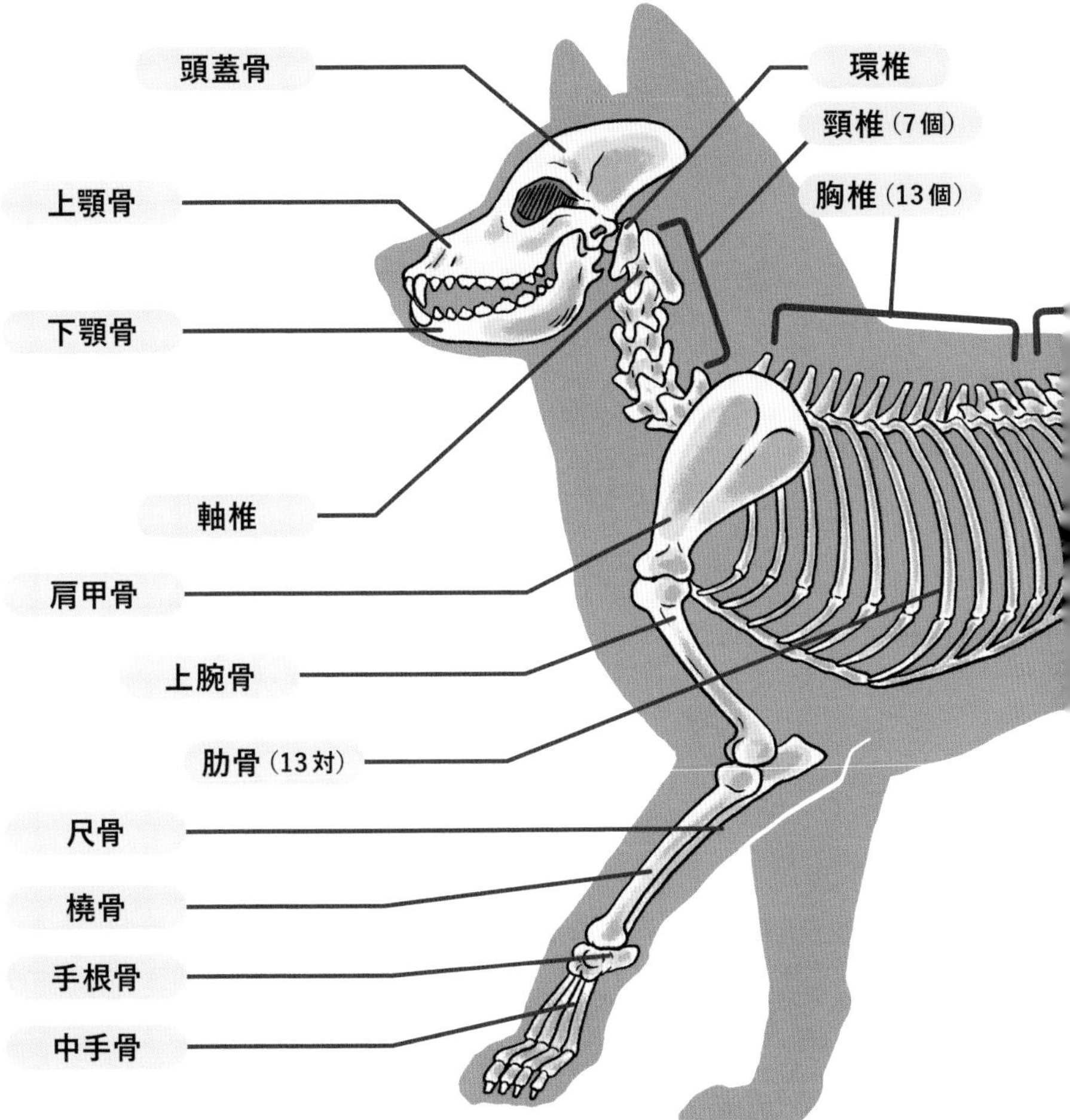
頭蓋骨
環椎
頸椎（7個）
胸椎（13個）
上顎骨
下顎骨
軸椎
肩甲骨
上腕骨
肋骨（13対）
尺骨
橈骨
手根骨
中手骨

柴犬の体のつくり

内臓編

一般的に内臓には消化器・呼吸器・泌尿器・生殖器・内分泌器がある。その他、内臓には区分しないが、心臓や脳も体の内部にある器官だ。

消化器には、口から取り入れた食べ物を消化し、栄養素を取り込み、残りを排泄するという役割がある。口腔・食道・胃・小腸・大腸というつながった管状の消化管と、消化液を分泌する唾液腺・肝臓・膵臓

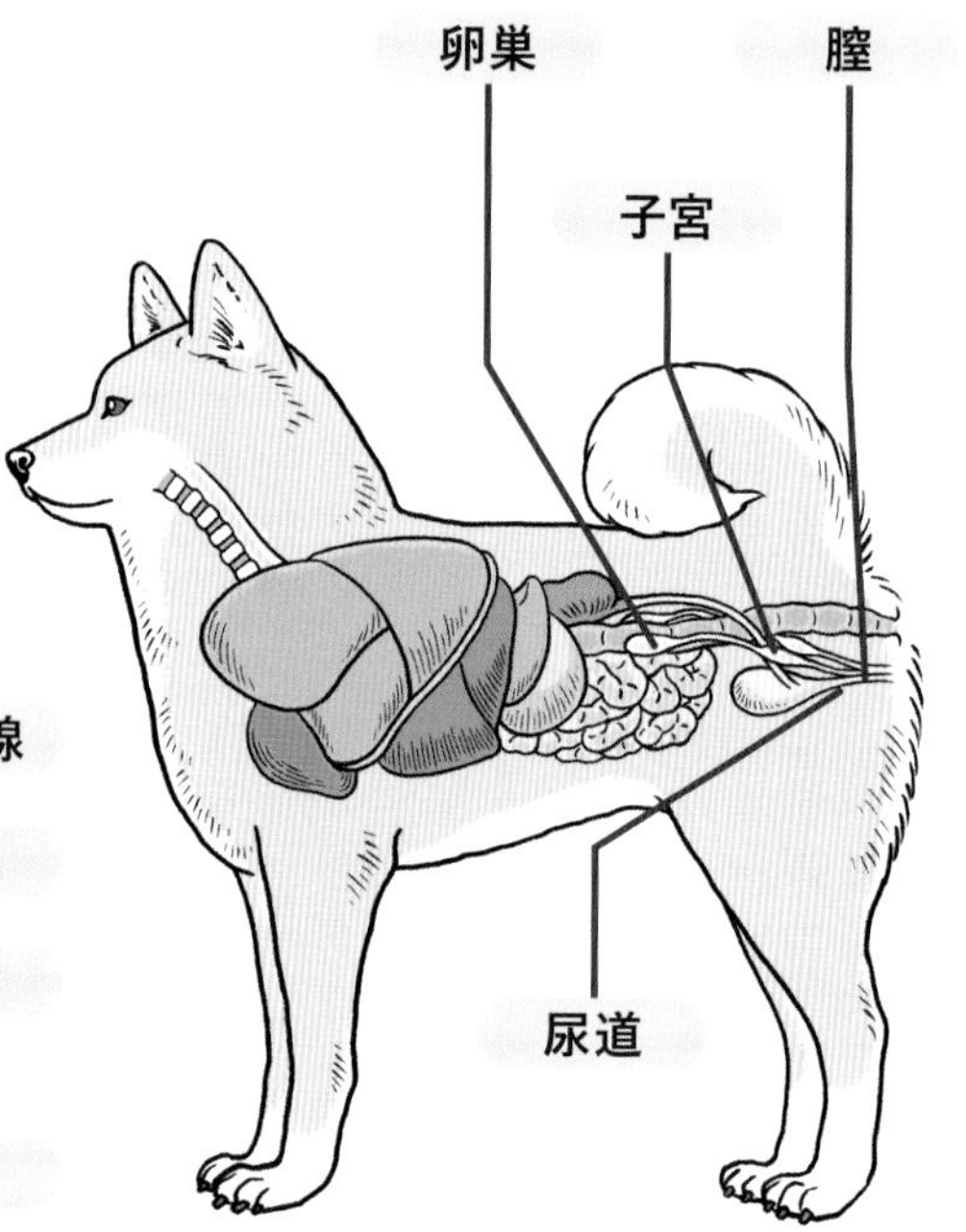
卵巣
膣
子宮
尿道

〈メスの内臓〉

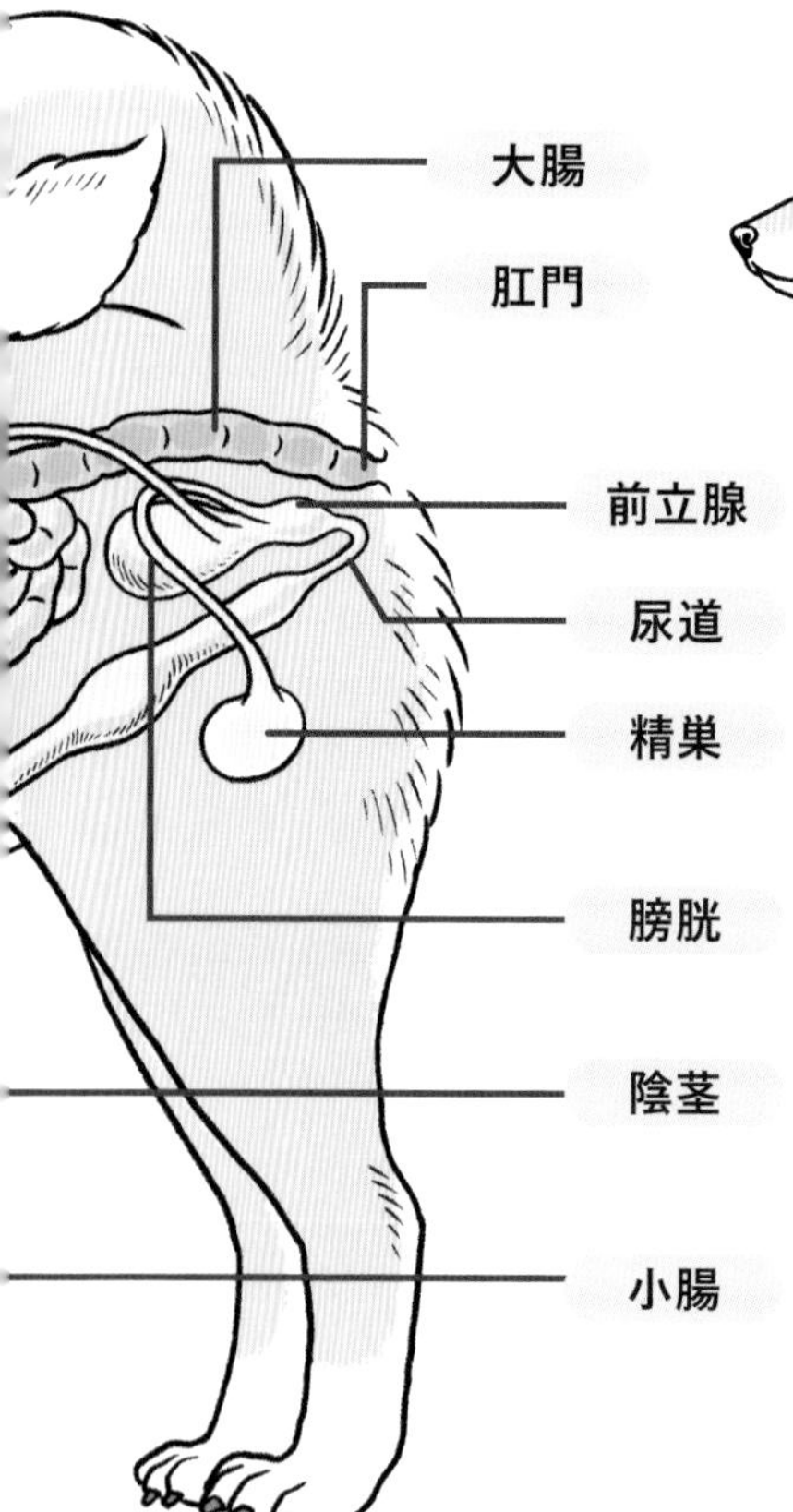
大腸
肛門
前立腺
尿道
精巣
膀胱
陰茎
小腸

が含まれる。

　呼吸器の役目は、採り入れた酸素を肺に運ぶと同時に、体内で作られた二酸化炭素を放出することだ。鼻腔・咽頭・気管・肺が該当する。

　泌尿器は体内の老廃物を排泄する器官で、血液の組成を一定に保つ働きもある。腎臓・尿管・膀胱が該当する。

　オスの生殖器は精巣・精管・前立腺・陰茎が生殖器となる。メスは卵巣・卵管・子宮・膣といった器官になる。

　内分泌器は、上位（脳内）の視床下部と下垂体、下位の甲状腺・副甲状腺・副腎などで構成されている。

　脳と脊髄は中枢神経と呼ばれるもので、体の隅々まで行き渡っている末梢神経とともに感覚の情報を伝達・処理したり、体の様々な動きを調整する。

　心臓は、血液を全身に送るポンプの役割をしている。血管、リンパ管と合わせて循環器と呼ばれている。


〈オスの内臓〉

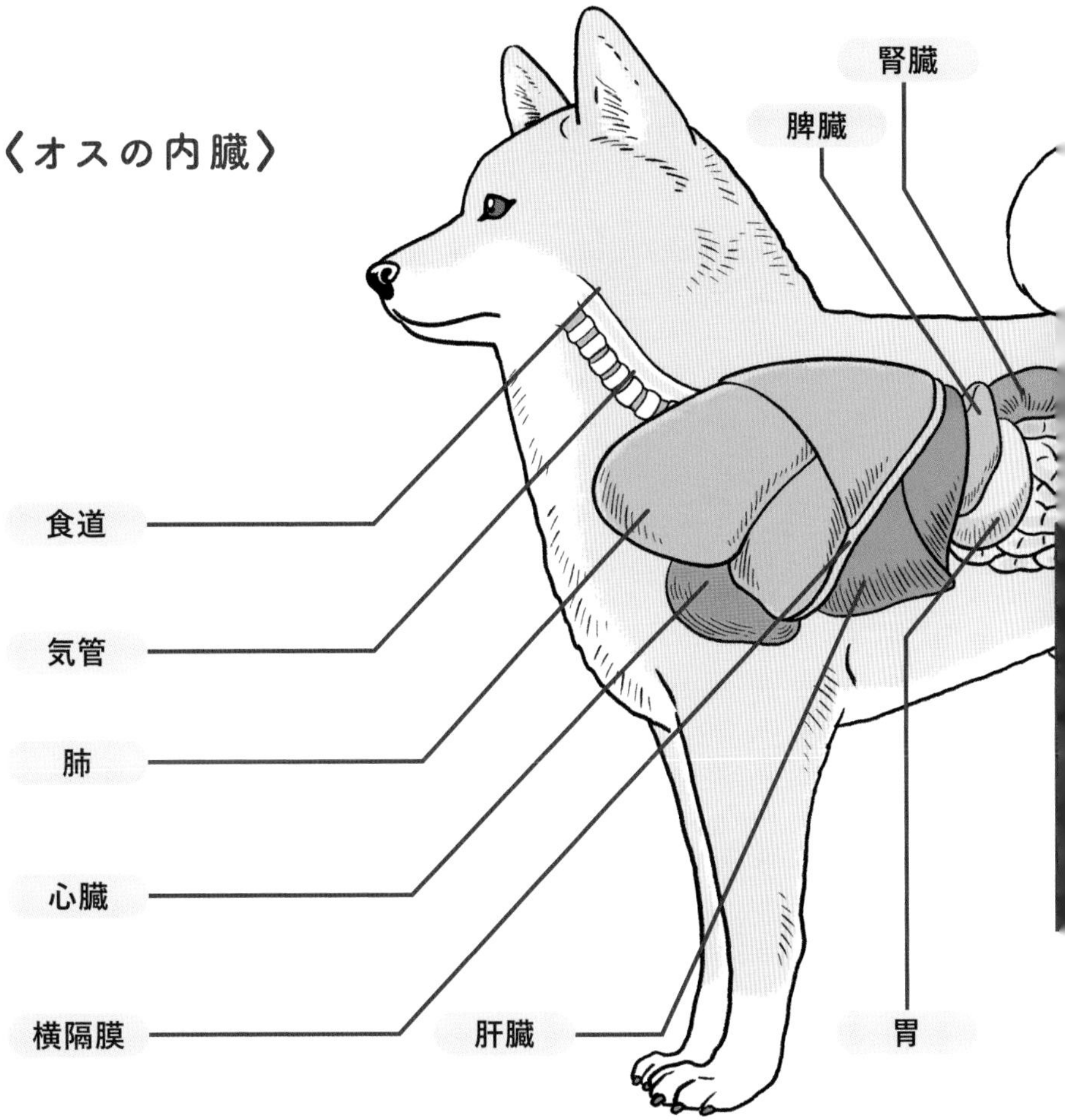

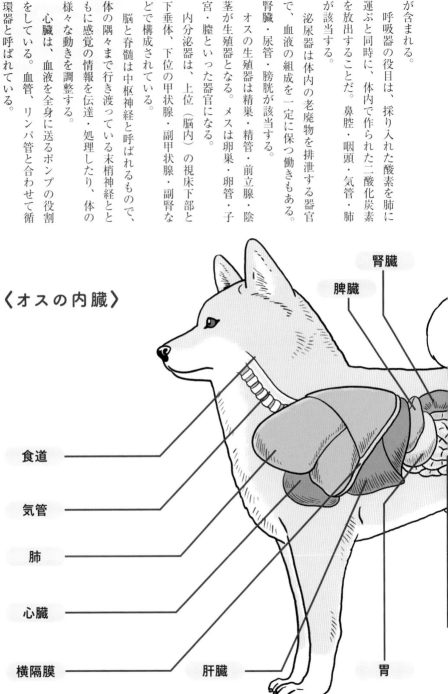

柴犬 年齢別に多い病気

柴犬の一生は「子犬・幼犬期」「1〜4歳の成犬期」「5〜7歳の中年期」「8歳からのシニア期」に大別できる。中でも病気にかかりやすいのは「子犬・幼犬期」と「シニア期」だ。生まれてから離乳するまでの新生期は、一生の中で一番危険が多いといわれる。

その後、様々な身体的変化・精神的成長を経て、2歳頃に体格や被毛が完成する。柴犬は比較的丈夫な犬種なので、先天的な疾患がなく食生活や運動に気をつけていれば、充実した成犬期・中年期を過ごせることが多い。

7歳を超えるとシニア期に入るが、10歳くらいまでは動きも容姿も若々しいコーギーが多い。ただし、よく観察すると運動量が減っていたり、動きがゆっくりになったりしているので「ウチの子はシニアになっても元気」と思い込まずに生活を見直したり、健康状態の確認を行うことが重要だ。

子犬・幼犬期

特徴

生後10日頃
- 体重がほぼ倍に増加
- だいたい生後2週間で目が開く

生後1ヶ月
- 乳歯が生え始める
- 足がしっかりして活発に動き始める

生後2ヶ月
- 乳歯が生えそろう
- 生後2ヶ月くらいに1回目の混合ワクチンを接種

生後3ヶ月
- 狂犬病ワクチンと2回目の混合ワクチンを接種

生後4ヶ月
- 乳歯が抜け始める
- パピーコートが抜けて、成犬の被毛に変わり始める
- 3回目の混合ワクチンを接種

生後6〜7ヶ月
- メスが初めてのヒートを迎える
- オスのマーキングや縄張り意識が強くなる
- 乳歯は全部抜けて永久歯が出そろっている

生後10ヶ月
- 様子を見ながら成犬用フードに切り替える
- メスが初めてのヒートを迎える

子犬・幼犬期に気をつけたい病気

- 感染症
- 誤食
- アトピー性皮膚炎
- 外耳炎
- 胃腸炎
- 嘔吐、下痢
- 股異形成

嘔吐や下痢が続いて食事がとれないと低血糖になり、命の危険に陥ることもある。

散歩や走ったりすること
が好きな柴犬は、足や肉
球のケガに注意したい。

成犬期に気をつけたい病気

・外耳炎
・皮膚炎
・前十字靭帯断裂
・股関節脱臼
・膝蓋骨脱臼
・尿路結石

成犬・中年期

特徴

1歳〜

・マズルなどの黒い毛が抜ける

2歳〜

・体格がほぼ完成する
・親犬から受け継いだ性質が表れ始める
・毛色、骨格、筋肉が落ち着く

シニア期

そのほか、心臓疾患や歯周病も増えてくる。異常の早期発見が重要になる。

特徴

7歳〜

- 白いヒゲや白いマツゲが見つかるようになる
- 被毛の中に白髪が交ざるようになる
- 徐々に運動量や代謝量が落ちてくる
- 核硬化症になり、目が白く見え始める（老眼）

10歳〜

- 顔や頭、背中に白髪がだいぶ増える
- 視力と聴力が落ちてくる（嗅覚は落ちにくい）
- 動きがゆっくりになる
- 眠る時間が少しずつ増える

シニア期に気をつけたい病気

- 認知症
- 緑内障
- 関節炎
- 前庭障害
- 白内障
- 外耳炎
- 腎臓疾患
- 小腸リンパ腫

1章

目の病気

目の病気は、,外見的な異常が出る場合はわかりやすいが、「視力が落ちた」などは、飼い主がなかなか気づかないことがある。いつもと違う行動が出たら獣医師に相談を。

目のつくり

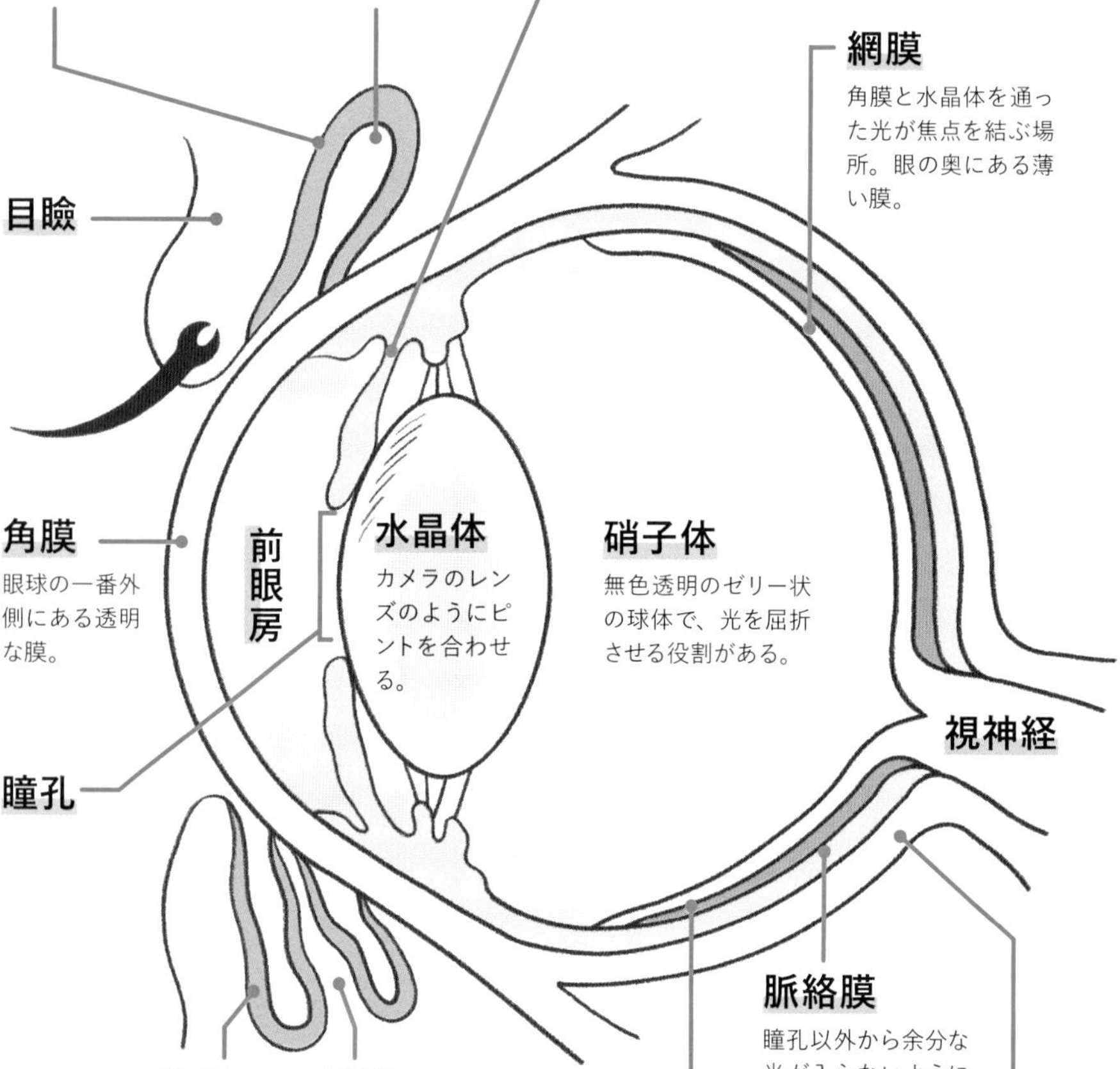

結膜
まぶたの裏側、瞬膜の表・裏にある膜。
マイボーム腺
まぶたの裏にある、脂を分泌する腺。
虹彩
瞳孔の周りにある円盤状の膜。
網膜
角膜と水晶体を通った光が焦点を結ぶ場所。眼の奥にある薄い膜。
目瞼
角膜
眼球の一番外側にある透明な膜。
前眼房
水晶体
カメラのレンズのようにピントを合わせる。
硝子体
無色透明のゼリー状の球体で、光を屈折させる役割がある。
視神経
瞳孔
脈絡膜
瞳孔以外から余分な光が入らないようにしている黒い膜。
結膜
瞬膜
水平方向に動いて眼球を保護する、透明な膜。
タペタム
光を反射する膜。この膜があるため、暗闇で目が光る。
強膜
眼球の一番外側にある白い膜。角膜とつながっている。

目の役割

- 目を通して、外からの情報を郭得する。

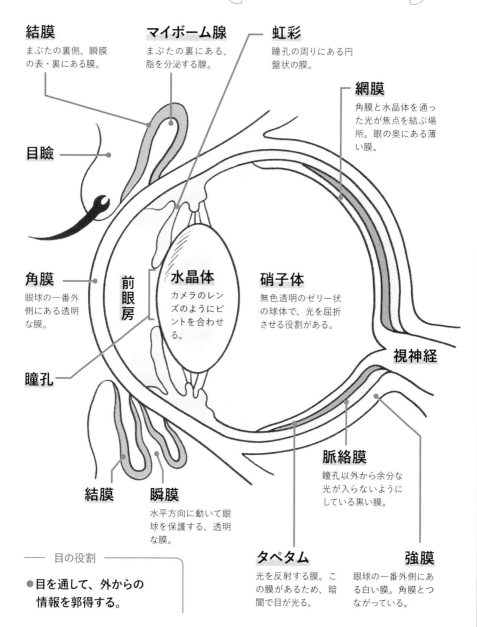

睫毛異常 …しょうもういじょう

症状

・涙が出る
・強い光に痛みや不快感がある
・充血する

原因

睫毛は通常、決まった毛根から決まった方向に伸びていくものだが、**毛根の場所や伸びていく方向に異常があると**睫毛異常が起こる。マイボーム腺（睫毛の少し奥にある、脂が出る分泌腺）から睫毛が伸びている睫毛重生、睫毛の伸びる方向が角膜に向かうようカーブをして伸びている睫毛乱生、睫毛の先端がまぶたの内側から突き出すように伸びる異所性睫毛の3タイプがある。

異所性睫毛はわかりづらく、発見が遅れると角膜潰瘍を引き起こすことも。

治療

角膜の表面を刺激している睫毛を取り除く外科的処置を行う。異常な場所に生えている睫毛を専用のピンセットで数本抜くだけで終わることが多いが、両側の眼瞼全体に異常がある場合は、レーザーや凍結凝固治療を行う必要がある。

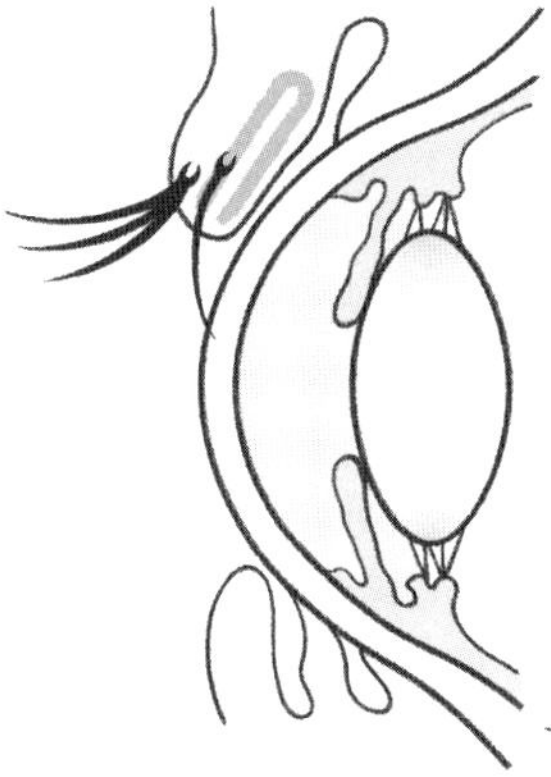

睫毛重生
まぶたにあるマイボーム腺から睫毛が生えている。

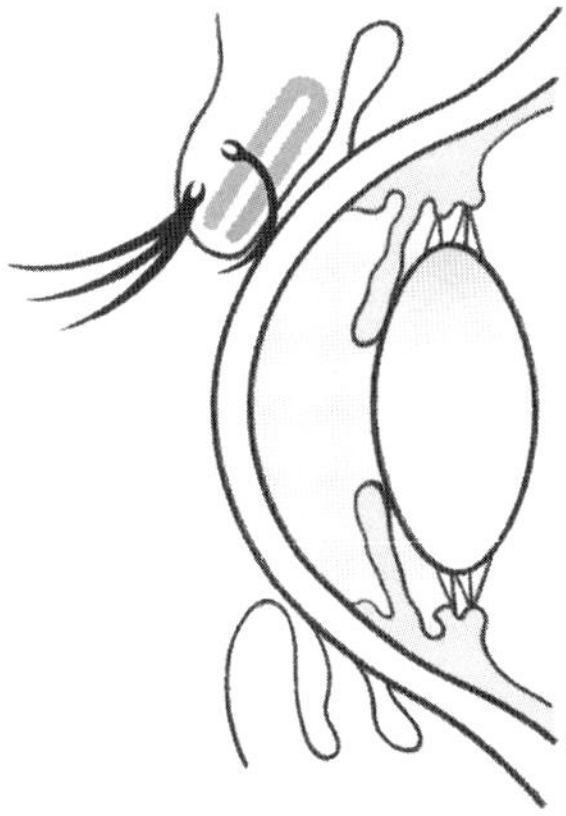

異所性睫毛
まぶたの裏から、突き出すように生えている。

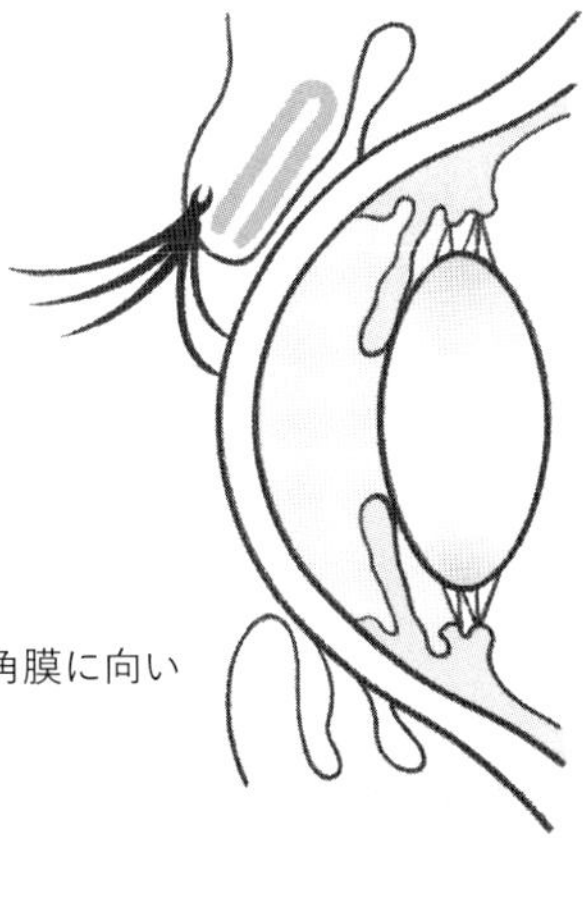

睫毛乱生
睫毛の先端が角膜に向いている。

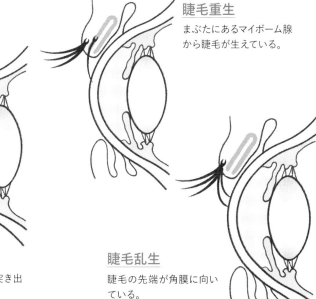

角膜炎 …かくまくえん

症状

・目を痛がる
・涙が出る
・目ヤニが出る
・白目が充血する
・目の光沢がなくなる
・強い光に不快感を示す
・視覚障害

原因

角膜は涙液で覆われた透明な膜で、瞳孔と虹彩を覆っている。角膜炎はこの角膜に炎症が起こる症状の総称。外傷、ドライアイ、免疫などが原因となる。外傷性は目を擦る、ぶつけるなどの外的刺激で角膜を傷つけて起こる。また、角膜表面を覆っている涙液がドライアイで欠如すると角膜が脆くなるため、容易に炎症が起きる。

ドライアイの診断までに時間が経過していたり、治療の怠たりによってメラニン色素が角膜表面に誘導されると、色素性角膜炎となる。

さらに角膜上皮が欠失すると角膜潰瘍となり、数日で完治する軽度のものから数ヶ月間治療しても治らない難治性潰瘍まである。

治療

診断は、視診、眼圧測定、スリットランプ、フルオレセインなどの試験紙での角膜染色により診断する。

治療の基本は必要に応じた点眼薬の頻回投与であるが、難治性潰瘍は原因究明のための様々な検査が必要であり、原因除去や治療のために全身麻酔が必要になることもある。

結膜炎 …けつまくえん

症状

・白目が充血する
・目をしょぼしょぼさせている
・目ヤニが出る　・涙が出る

原因

結膜はまぶたの裏側、白目の表面を覆う無色の膜。この結膜に炎症が起こる症状を結膜炎という。

異物、スプレーなどの薬物、アレルギー、ドライアイ、角膜炎、高眼圧症、寄生虫、ウイルスの感染などにより、結膜に炎症を起こす。

治療

結膜炎は原発性よりも二時的に発症していることが多いので、原因究明が重要。木片などの結膜内異物や、牧場が近隣にある地域に多い東洋眼虫という寄生虫は意外と見過ごされている。

ぶどう膜炎

……ぶどうまくえん

症状

- 瞳孔が小さくなる
- 白目が充血する
- 涙が出る
- まぶしそうに瞬きする
- 虹彩の色が変化する
- もやがかかったように白くなる

原因

ぶどう膜は、虹彩、毛様体、脈絡膜の3つの部位から構成されている。これらの部位は連続しており、それぞれの炎症を総称してぶどう膜炎という。

免疫介在性、白内障などによる代謝異常、感染、中毒、外傷、腫瘍に関連して起こる。

治療

原因に対して治療をしていくが、すぐには特定できないことも多く、その場合はステロイド剤や非ステロイド性の点眼や内服による消炎治療を行う。

核硬化症

……かくこうかしょう

症状

- 目が白く濁る

原因

水晶体の中心にある水晶核が硬化する病気。これは加齢によるもので、いわゆる老眼であり、5歳を過ぎるとほとんどの犬に見られる。白内障と間違えるくらいに白濁することもあるが、白内障と異なり、視力は低下するものの視覚は維持されている。瞳孔が開いている時に、綺麗な正円形のリングが見えるのは核硬化症である。

治療

加齢が原因なので、これといった治療はない。白内障を併発している可能性もあるので、異常を感じたら検査をして確認したほうがよい。

乾性角結膜炎（ドライアイ）

……かんせいかくけつまくえん

症状

・寝起きに目が開かない
・目やにが多い
・涙やけが増える
・目が乾燥する　・目を細める
・まばたきがうまくできない

原因

涙液は角膜に酸素や栄養を供給したり、細菌感染や異物から目を守る。正常な状態では、まばたきをするたびに涙液は目を潤し、鼻の奥へ流れる。角膜上皮が多少傷ついても、涙液が正常であれば角膜上皮を再生できるが、涙液の量が減ったり質が悪くなったりすると、**涙液による潤いの膜が目の表面に形成されなくなり、角膜上皮に様々な疾患が現れる**。それがドライアイ。

涙液の脂成分ムチンは涙の貯留と拡散を助けるが、ムチンの分泌が低下すると涙液を角膜表面に保持できなくなり、周りにあふれて涙やけの症状が出る。同時に涙が目の表面に広がらず、角膜や結膜が乾燥してもろくなる。

原因として先天性、薬物性、ウイルス性、神経性、第三眼瞼の切除、内分泌性、免疫介在性などがあり、免疫介在性はコーギーに多く見られる。

治療

目薬による内科的治療を行う。まばたきがうまくできない場合は治療による改善が期待できないので、まぶたをよく温める、上下のまぶたのフチが接触する瞬目運動をすることで、涙液の分泌を促す必要がある。目の保護膜が損傷すると細菌感染しやすく、傷が治りにくくなり、色素性角膜炎や角結膜炎などを引き起こすリスクもある。

気になる症状があれば早めに動物病院で診察を受けること。

流涙症

……りゅうるいしょう

症状

・涙の筋ができる
・皮膚炎　・においが強くなる

原因

涙の流出過程で問題が起こり、涙があふれてしまう病気。原因は多様で特定が難しいが、涙管閉塞、まぶたや鼻のシワの毛が目を直接刺激すること、眼瞼内反証や眼瞼外板症などの眼瞼の形態異常、マイボーム腺分泌液の不足などが挙げられる。

皮膚炎を起こし、においが強くなることのほか、見た目上の問題も。また目の表面の涙不足により角膜に傷ができる場合もあるので注意が必要だ。

治療

流涙症の原因を特定し、**点眼薬、内服薬、場合によっては手術を行う**。

網膜剥離 …もうまくはくり

症状

・急な視覚障害
・寝ていることが多い、動きが鈍い
・瞳孔が開く
・瞳が茶色や赤黒く濁って見える

原因

網膜の一部である網膜色素上皮が本来の位置から剥がれて視覚障害が起こり、失明にもつながる病気。片方に起こると、もう片方にも発症する可能性が高い。

　原因にはいくつかあり、先天的に網膜に異形成がある、ウイルスや細菌感染、腎障害などによる高血圧、血液凝固異常による出血など全身性の病気、ぶどう膜炎後や眼内組織の収縮、本来はゼリー状の硝子体が液化し網膜下に侵入するなど眼内に変性が起こったこと、などが挙げられる。

治療

　血圧が高い病気を患っている場合には、網膜剥離予防も兼ねて日頃から血圧の調整をしておくべきである。

　網膜剥離を起こしてしまった場合、**網膜剥離が部分的なら進行を防ぐためのレーザー治療を行う。**片目でも見えていると行動異常が出にくいが、全部が剥がれている場合は治療できる施設が限られるので、早期発見が重要となる。眼内が出血などで混濁している場合は超音波検査によって診断する。

網膜変性症（PRA,SARDs） …もうまくへんせいしょう

症状

・夜盲
・動体視力の低下
・視力低下による行動異常

原因

　目の中を通過してきた光を電気信号に変えて視神経に受け渡す網膜は10層からなり、大量の酸素を消費するため、多くの血液供給を受けている。

　網膜変性症は、その**網膜への血液供給が徐々に妨害されて網膜の機能が低下し視覚を失う遺伝性疾患**で、原因は不明。突然失明する突発性後天性網膜変性症候群（SARDs）と、夜盲や動くものに対する視力の低下から始まって、最終的には日中でも視力が低下して失明する進行性網膜萎縮（ＰＲＡ）などがある。初期症状が現れないので気づきにくいが、初めて行く場所での行動の変化で気づくことも。ＰＲＡは高齢での白内障の最多原因である。

治療

　なし。散歩時や家の中の家具の配置など、視覚障害による事故を未然に防ぐ予防措置が重要。

白内障

…はくないしょう

症状

・目が白く濁る
・視力の低下

原因

水晶体に栄養やタンパク質代謝、浸透性などの乱れが生じることで濁った状態になる病気。

原因には、先天性、遺伝性網膜萎縮などの遺伝性、糖尿病や低カルシウム血症などの代謝性、外傷による続発性、薬物性、放射線治療性などがあり、必ずしもシニア犬だけがかかるものではない。現在では、犬の寿命の短さと紫外線を浴びている時間の関係から、老齢性白内障はほぼないとされており、遺伝性が多いとされている。

初期では眼内にY字状に筋ができ、部分的に白濁が見られるが、行動にはさほど変化はない。

進行するに従い、白濁が全体的に広がり視力が妨げられ行動が鈍くなる。さらに進行すると、水晶体内の核や皮質が融解を起こす。

また、ぶどう膜炎、水晶体脱臼、緑内障、網膜剥離などを引き起こし、失明に至ることもある。

治療

超音波手術によって濁った水晶体を取り除き、人工水晶体を挿入して視力の回復をはかる。視覚障害の網膜疾患を併せ持つ場合などは手術不適応となることもあるので、術前に必ず網膜検査を受ける必要がある。

点眼薬や内服薬はさほど効果が得られないと言われている。

柴犬に多い病気

緑内障
りょくないしょう

症状

- 結膜の充血
- 角膜が濁る
- 瞳孔拡大
- 瞳が緑色に見える
- 痛みで目を気にしている
- 眼球が大きくなる

原因

目の中を満たしている眼房水は、通常虹彩の裏にある毛様体で産生され、虹彩を抜け、隅角を通って目の外に排出される。

この眼房水の産生と排出のバランスが乱れることで眼圧が高くなり、網膜と視神経を圧迫して失明につながる。めったいにない先天性と、遺伝性で両目に起こる原発性、ぶどう膜炎や水晶体の脱臼などの眼疾患によって眼房水の排泄路が物理的にふさがって眼圧が高上昇して起こる続発性がある。

柴犬を代表とする多くの犬では、隈角という房水の流れ出る部位が狭い、あるいは閉塞する房水流出性障害を起こし、その結果緑内障を生じる原発性が多い。

初期には急激な高眼圧でショボショボと目を痛がっているそぶりを見せるが、ほとんどの飼い主は目にゴミが入ったのだろうと思って様子を見てしまい、数日後にはすでに失明しているというケースが見受けられる。

治療

緑内障は一度発症すると一生治療を続ける必要があり、点眼だけで視力を維持することは難しく、手術を行うこともある。

まずは原因となる病気を治療するとともに、眼圧を下げる治療を行う。短期間で眼圧を下げることで視力が回復するケースと、眼圧を下げても視力が回復しないケースがあり、その後の治療は異なってくる。

原発性では、視力が残っている場合は眼房水の産生を抑制するレーザー毛様体凝固術や排泄を促進する前房シャント設置術などを行う。視力がなくなっている場合は、痛みと不快感を除くことを目的として、シリコンボール強膜内挿入術、眼球摘出手術などを行う。

続発性の場合は、原因となる病気によって大きく治療法が異なる。

日々のお手入れが愛犬の健康を守る

日常生活の中で健康を維持できる、ブラッシングやシャンプー、耳掃除、爪切り、歯磨きなどお手入れ全般をご紹介。日頃からスムーズに実行できるよう習慣化しよう。

日々のお手入れは清潔で快適な毎日を過ごすために必要不可欠。そして、お手入れ時に愛犬とスキンシップすることで病気の早期発見や予防につながる。ブラッシングやシャンプー、爪切りや耳掃除、オーラルケアなどをしながら見て、触って、においを嗅いで愛犬のボディチェックをしよう。

●ブラッシング

柴犬の被毛は上毛と下毛が生えているダブルコートで春と秋に換毛期を迎えるが、1年中抜け続けている場合もある。被毛は皮膚を保護したり、体温調節を図る大切な役割を担っている。余分な毛があると絡まったり、皮膚が蒸れたり、汚れが溜まり細菌感染を起こしやすくなる。脱毛など皮膚の異常を発見したら動物病院を受診すること。

●シャンプー

皮膚や被毛を健康に保つことができるシャンプーは皮膚病治療の一環として予防や改善につながる。犬の皮膚はデリケートなので皮膚の状態に合ったシャンプー剤を選び、皮膚の内部に浸透させるようにもみ洗いしたら、十分に洗い流すこと。洗い残しがあると皮膚病の原因になるので要注意。

●爪切り

爪を切らずに放置しておくと足裏に力が入らず、関節に負担がかかったり、爪が折れたり、割れたりして骨折や捻挫など大きなケガを誘発してしまうことも。定期的に爪切りを行うことが大切。

●耳や目のお手入れ

耳の中に汚れが溜まらないように日頃からチェックして2～3週間に1度ほどの頻度で耳掃除をする。また、目の周りもチェックして目やにが出ている時はぬるま湯に浸したガーゼやコットンで優しく取り除いてあげる。

●オーラルケア

歯周病は悪化すると歯が抜けたり、顎が骨折しやすくなったり、内臓疾患を引き起こすなど寿命を縮めてしまうことにつながる。いつまでも自分の歯で食べられるように健康な歯を維持できるよう歯磨きを習慣化しよう。

2章

呼吸器の病気

呼吸器の病気は、愛犬のQOLを著しく下げてしまう。早めに発見し、早めに治療することが大切だ。肥満は呼吸器に負担を与えることになるので、防止策をしっかり取ろう。

鼻のつくり

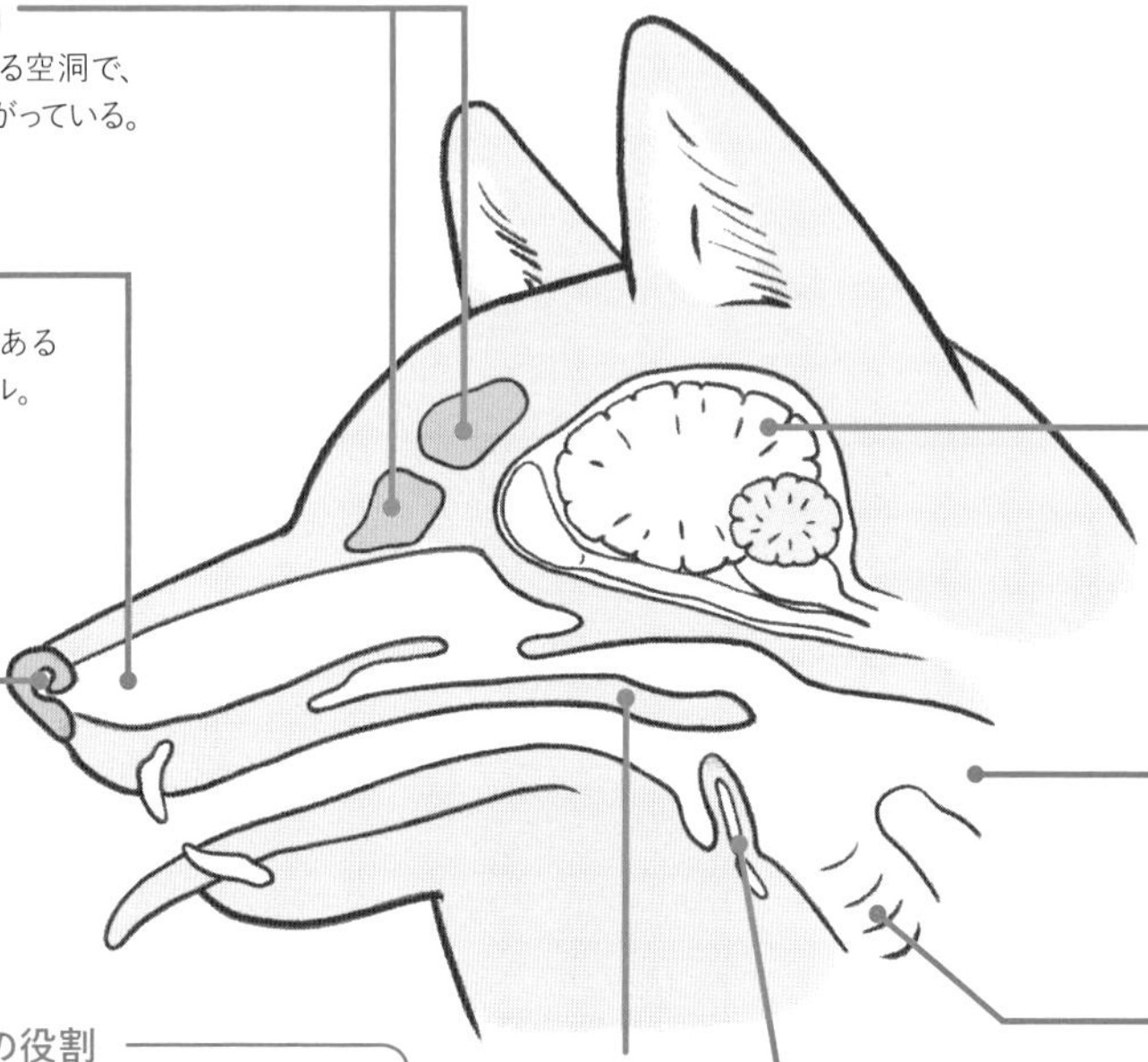

副鼻腔
鼻の骨にある空洞で、
鼻腔とつながっている。
鼻腔
デコボコのある
鼻のトンネル。
鼻孔
脳
食道
気管
軟口蓋
口腔の天井から後ろに伸びた柔らかい気管で、鼻腔へ食べ物が入り込むのを防ぐ。
咽頭蓋
気管の入り口にある蓋で、食物が入り込むのを防ぐ。

鼻の役割

- 様々なにおいを感じ取り、脳に伝える。
- 空気を取り入れる。

気管のつくり

気管の役割

- 口や鼻から取り入れた空気を肺に送る。

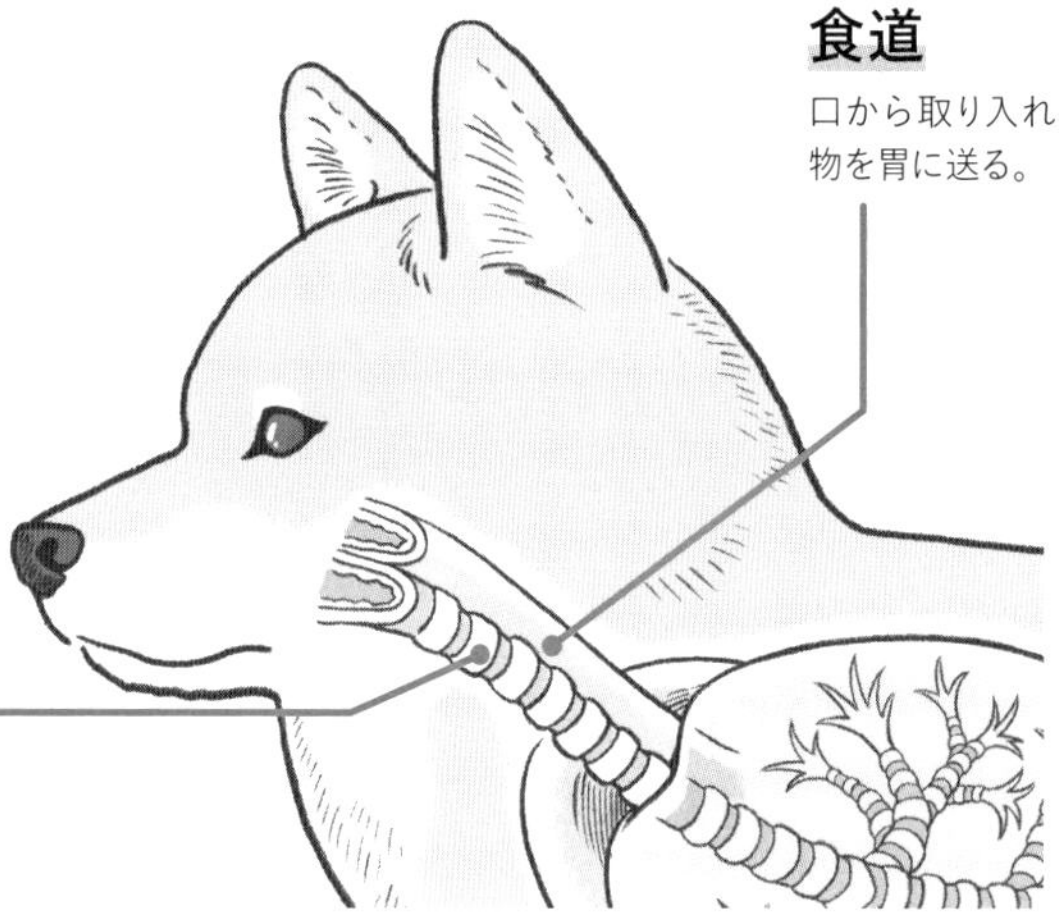

食道
口から取り入れた食物を胃に送る。
気管
口や鼻から肺への空気の通り道。U字型の軟骨に覆われている。

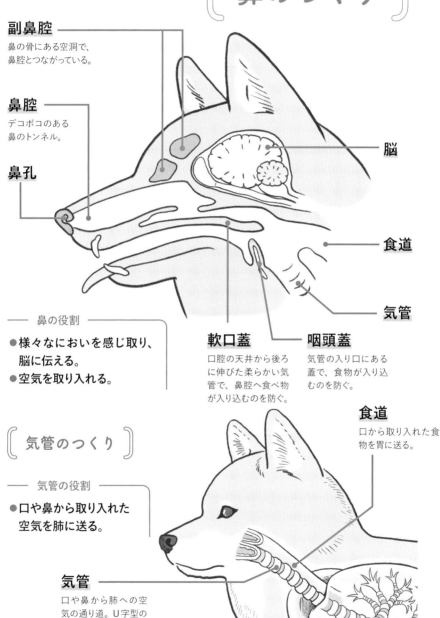

鼻炎 …びえん

症状

・くしゃみ　・鼻水
・鼻詰まり　・口で呼吸している

原因

鼻腔内の炎症であり、原因はウイルス、細菌、真菌、異物の吸引、口腔内疾患、アレルギー性疾患、腫瘍、口蓋裂など。悪化して細菌感染を合併すると膿のような鼻汁になったり、血液の混じった鼻汁になる。また鼻汁が多量になると、鼻腔が詰まることから開口呼吸をするようになる。

定期的なワクチン接種でウイルス感染を予防する。高齢の柴犬の鼻炎は、歯周病や鼻腔内腫瘍での鼻炎が多いので早期の診察が必要である。

治療

まずは鼻汁を採取して、細胞診と細菌培養感受性検査を行う。鼻詰まりをなくすために補助的にスチーム吸入を1日1～2回行う。

冬期やエアコンによる湿度の低下は症状悪化につながるので、**加湿器を使うなどして湿度を40～50％に保つのも有効**。とくに夜間は鼻が詰まると寝苦しいので、湿度と室温を上げる。

細菌培養感受性検査の結果にて細菌感染が認められた時には、抗生剤を投与する。また原因となる疾患も治療する。例えば、アレルギー性鼻炎はステロイド剤の投与や原因のアレルゲンを特定して除去するなどが考えられる。

軟口蓋下垂 …なんこうがいかすい

症状

・ゼイゼイした呼吸音がする
・いびきがひどい
・運動後や興奮した時に呼吸がひどく荒くなる
・呼吸困難

原因

口腔内の上方奥にある柔らかい部分を軟口蓋といい、鼻と喉の開口部にあたる。**この軟口蓋が通常よりも長くなり、下に垂れ下がってきて、呼吸を妨げる病気**。短頭種に多いとされるが、柴犬でも見られる。**先天性や肥満によって発症する**場合が多いため、飼い主が早めに気づいてあげる必要がある。

治療

根治のためには、垂れ下がった軟口蓋を除去する手術が必要。また肥満は軟口蓋下垂のリスクを高めるため、予防が大事になる。

気管虚脱
…きかんきょだつ

症状

・止まらない咳
・ガーガーなど異常な呼吸音がする
・疲れやすい　・呼吸困難　・失神

原因

気管は、咽喉頭部から気管分岐部をつなぐ空気の通り道。チューブ状の気管をC型の軟骨が覆う作りになっている。気管虚脱は、**何らかの原因で軟骨が柔らかくなったため、気管がつぶれてしまい、呼吸が苦しくなる病気**。

小型犬に多く、主な原因は遺伝といわれている。また、肥満や過度の吠え、首に余計な力がかかった場合なども原因になり得ると考えられる。

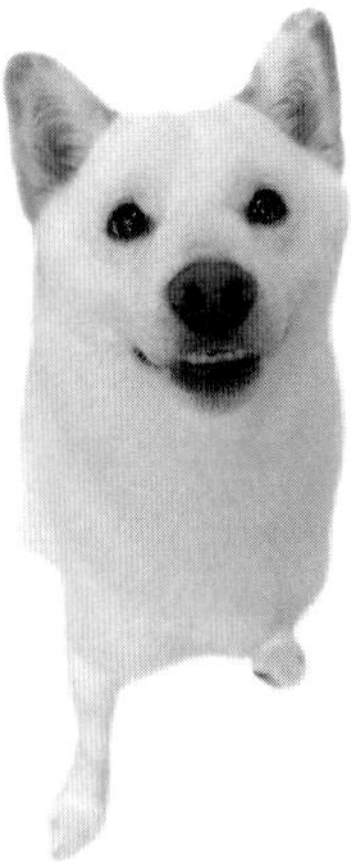

治療

吸気と呼気のレントゲンを撮って、気管の太さを比較して診断する。

症状の咳が出ている場合は、**咳止め薬や気管を拡張する薬で対処**する。重症の場合は、気管の形を維持するための外科手術が必要になることもある。

気管支拡張症
…きかんしかくちょうしょう

症状

・高音の深い咳が連続する
・呼吸が速くなる
・運動するとすぐに息が荒くなる
・粘液膿性の痰が出る

原因

気管支は気管の下端部分で、気管よりもさらに細い組織。肺の肺胞につながっている。本来ならば弾性（力を加えても、外せば元に戻る性質）を持っているが、何らかの原因で弾性がなくなり、**気管支が拡がってしまうことがある。これが気管支拡張症**だ。

先天性と後天性があり、慢性気管支炎や気管支肺炎が原因のことも多い。また、高齢犬になるとよく見られる。

治療

一度気管支が拡がってしまうと、その部分は元に戻せない。そのため**症状を和らげたり、進行を遅らせるための対処療法**となる。抗生剤や痰の切れをよくする薬、抗炎症薬などを投与していく。またネブライザー（薬を霧状にして吸引する治療方法）を使う場合もある。他の病気が原因の場合は、その治療も合わせて行う。

咽喉頭麻痺
…いんこうとうまひ

症状

- 疲れやすい　・呼吸困難
- チアノーゼ
- ヒーヒーと喘鳴する
- 高体温　・失神

原因

咽喉頭は複数の筋や軟骨組織で構成される呼吸器官の一部で、披裂軟骨や声帯襞によって声門を形成している。声門は本来、呼吸時に空気の流れを促し、発声に関わり、嚥下時には閉じて誤嚥を防止する。

咽喉頭麻痺はこの披裂軟骨や声帯襞が開かなくなり、麻痺が進むと気道が閉鎖して、**本来の声帯やその他の咽喉頭の動きが行えなくなる疾患**。原因は不明なものや、多発性筋炎、重症筋無力症などの筋肉の異常から起こるもの、神経の伝達障害や編成など神経の異常から起こるもの、腫瘍や外傷から起こるものなどがある。興奮時に気道が閉鎖して呼吸時にヒーヒーと喘鳴をしたり、チアノーゼを示して意識を失ったりすることもある。

咽喉頭麻痺には**先天性と後天性**があり、先天性の場合は幼齢期から1歳未満で発症し、四肢の歩行障害や食道拡張症を伴う進行性で、悪化しやすいのが特徴。

後天性は、反回喉頭神経の経路である前胸部や頸部の外傷や外科手術後に発症することも。また**甲状腺機能低下症の1症状**として現れることもあり、**高齢の犬に起こりやすい**。後天性の中にはこれといった原因がなく、ゆるやかに進行していく全身性神経筋障害の1症状として現れるものもある。

治療

X線検査や超音波検査、血液検査を行い、全身麻酔下での喉頭鏡検査で診断する。**症状が軽度なら安静を保ち、酸素療法を行う**。咽喉頭の腫れや炎症に対しては、ステロイド剤を投与するのが一般的。甲状腺機能低下症があれば、甲状腺ホルモン補充を行う。

こうした治療が効かない場合や重度の場合は、閉塞を解除するために部分的な咽喉頭切除や、片側披裂軟骨側方化手術など声門を広げる手術を行う。

しかし、**これらの手術後の30〜40%に誤嚥性肺炎が発症**し、持続的な咳や異常な呼吸音も合併症として見られる。そのため見た目はよくないが、**永久気管切開術を行う方が安全だといわれている**。

肺のつくり

肺の役割

- 口や鼻から入った空気を、気管・気管支を経て取り込む。
- 気管支の先には無数の「肺胞」があり、肺胞で酸素を取り入れ、不要な二酸化炭素を輩出している（ガス交換）。
- 肺胞を取り囲んだ動脈・静脈の毛細血管に、酸素・二酸化炭素を送り出している。

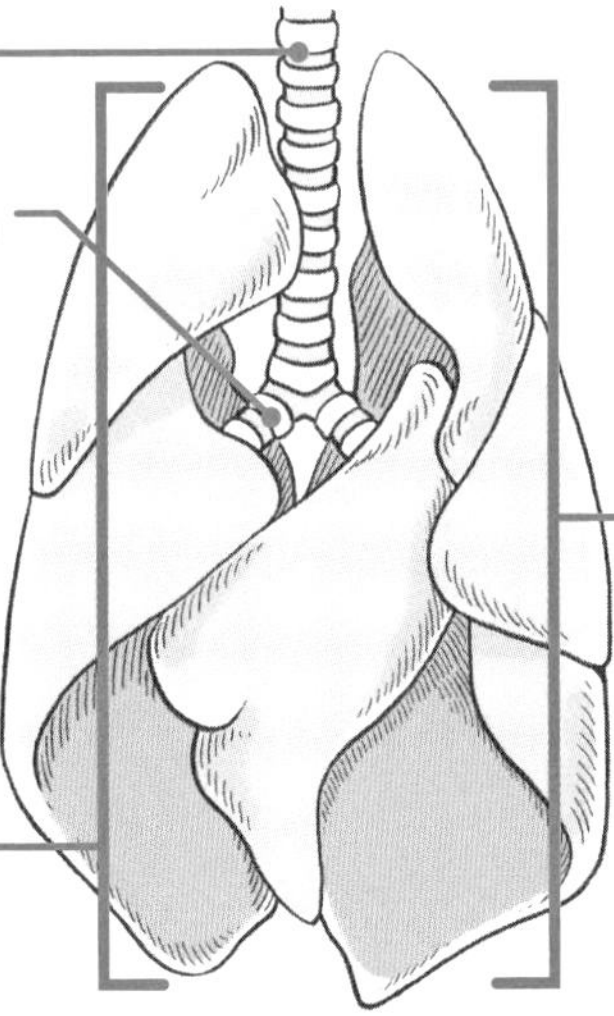

肺炎 …はいえん

症状

・荒い呼吸　・発熱　・呼吸音の異常
・元気消失　・食欲不振　・湿性の咳

原因

細菌やウイルス、真菌、唾液や胃液、食べ物や水などの誤嚥などで肺の肺胞や間質に生じた炎症。細菌性肺炎はウイルス性肺炎の続発症のこともある。また、免疫力が低下している犬では直接の感染もある。

しかし、最も多いのは、再発性の誤嚥に関連しての発症であると言われている。食道拡張症や慢性咽喉頭麻痺などを患っている犬は唾液や胃液を誤嚥しやすい状態になっており、特に胃酸を含んだ胃液を誤嚥すると、肺の拡張能力を極端に落とすので細菌感染を起こしやすくなる。

よくむせている犬は原因疾患を究明し、治しておくこと。ウイルス感染には定期的なワクチン接種が有効的な予防だ。

治療

二次性の細菌感染を考慮し、抗生剤と消炎剤を投与する。脱水すると気道粘液の粘稠度が増して呼吸改善に影響するので、点滴などで防ぐ。呼吸困難がひどい時には酸素吸入も。

肺水腫…はいすいしゅ

症状

・湿性の咳　・口を開けて呼吸する
・呼吸困難　・横たわることを嫌がる
・ピンク色の鼻汁が出る

原因

肺の毛細血管から肺の肺胞や気管支に液体が漏出し、溜まっている状態。肺での十分なガス交換ができずに、低酸素血症が起こる。

心原性と非心原性があり、犬の場合は心原性がほとんど。心原性は心臓の病気に関連し、非心原性は感電やカビ取り剤の吸引などによる肺の炎症が原因のことが多い。

治療

酸素吸入を行うとともに、原因となる疾患の治療を行う。主に肺に蓄積した水分の除去や、低酸素血症の改善など。肺に蓄積している水分を除去するためには、利尿剤を投与するのが有効となる。心原性肺水腫では強心剤も使用する。

気管支炎…きかんしえん

症状

・乾いた咳をする　・微熱　・水溶性の鼻汁が出る
・元気消失　・呼吸困難

原因

気管支に起こる炎症で、ウイルスや細菌が原因で感染する症候群をケンネルコフ（伝染性喉頭気管支炎）という。

それ以外にも粉塵、刺激性ガス、花粉などのアレルゲンの刺激によっても発症する。二次性の細菌感染を起こすと咳は湿性となり、元気消失、呼吸促迫、呼吸困難、チアノーゼなどが起こる場合も。

子犬やシニアの犬に発症しやすいので、日頃から栄養や衛生環境に配慮し免疫力を上げること。

治療

軽症なら適度な温度と湿度を維持して安静にすれば数日で治ることもあるが、必要に応じて栄養の供給、抗生剤、消炎剤、鎮咳剤などを投与する。毎日の吸入療法を行うこともある。

完治するのに数ヶ月以上かかる場合もあるが、慢性化すると一生咳が止まらなくなるので、慢性化させないように根気よく治療することが大切。

気胸 …ききょう

症状

・呼吸促迫　・呼吸困難
・チアノーゼ　・寝ることができない

原因

胸腔内に空気が侵入して肺の虚脱や呼吸困難を起こす。胸腔は左右に分かれているため、片側に起こる場合が多い。胸部への強い圧迫や肋骨の骨折によって胸壁や肺が傷ついて起こる外傷性気胸、検査処置や治療手技の合併症として起こる医原性気胸、日常生活の中で起こる自然気胸があり、**犬は交通事故や落下事故、咬傷による外傷性気胸が多い**。胸腔内に侵入する空気が多量で、胸腔内の圧が徐々に高まり、ふくらんだ状態になる緊張性気胸は最も重篤で、少し興奮するだけでショック死するケースもある。

治療

侵入した空気の量が少量なら安静にして自然回復を待つ。重度な場合は注射器か胸腔チューブを設置して空気を抜く。肺や気管に大きな損傷があり、多量な空気が胸腔内に侵入する場合は、開胸手術で損傷部位を修復する。

肺腫瘍 …はいしゅよう

症状

・慢性的な咳　・呼吸困難
・無気力　・体重減少
・呼吸促迫　・跛行　・発熱
・喀血　・食欲不振

原因

初期は目立った症状がなく、発見された時には進行していることも多い。**原発性には良性と悪性があり、転移性は全て悪性である**。多くの場合は転移性。肺への転移が多い腫瘍には、乳腺腫瘍、骨肉腫、悪性黒色腫などがある。喫煙者との同居も原因となる。

治療

レントゲン検査で肺腫瘍が疑われた場合、血液検査、血液化学検査、超音波検査、可能であれば腫瘍の針生検、CT検査を行い、転移の有無、原発腫瘍の有無、全身状態を把握して良性、悪性の区別をつける。

良性肺腫瘍は1～3個の大きな腫瘍だけのことが多い。原発性悪性腫瘍と転移性肺腫瘍は、肺炎様や砲弾様で多数のしこりが見られる。**良性の肺腫瘍は外科手術で切除するが、悪性腫瘍は原発性も転移性も外科手術は不可能**。レントゲンで肺腫瘍らしき影が見えた時には、すでに肺の70％以上を腫瘍が占拠していると言われている。外科手術を希望するなら、必ずCT造影検査を受けて正確な情報を集めること。

3章

歯・口腔内の病気

歯と口の中に関わる病気を集めた。愛犬が嫌がるからといって歯磨きをおろそかにすると、歯の病気にかかりやすく、将来的に愛犬が苦労することになる。ケアはしっかりと行おう。

歯のつくり

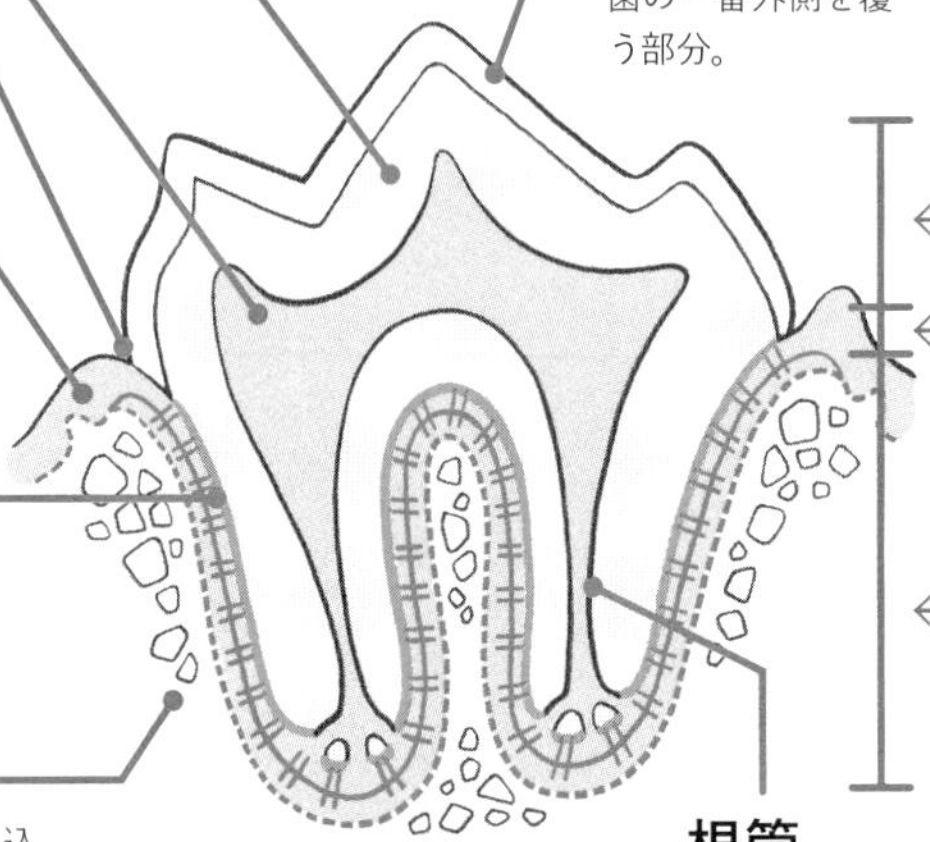
歯髄
歯の神経のこと。
象牙質
エナメル質の内側にある。根部はすべて象牙質でできている。
エナメル質
歯の一番外側を覆う部分。
歯肉溝
歯と歯肉の間にある溝。
歯肉
一般的に歯茎と呼ばれている部分。
セメント質
歯の根元で、歯の表面と歯槽骨を結びつけている。
歯槽骨
歯の根をはまり込んでいる、顎の骨の穴のこと。
根管
神経が通っている管。
歯冠
歯頸部
歯根

犬の歯の種類

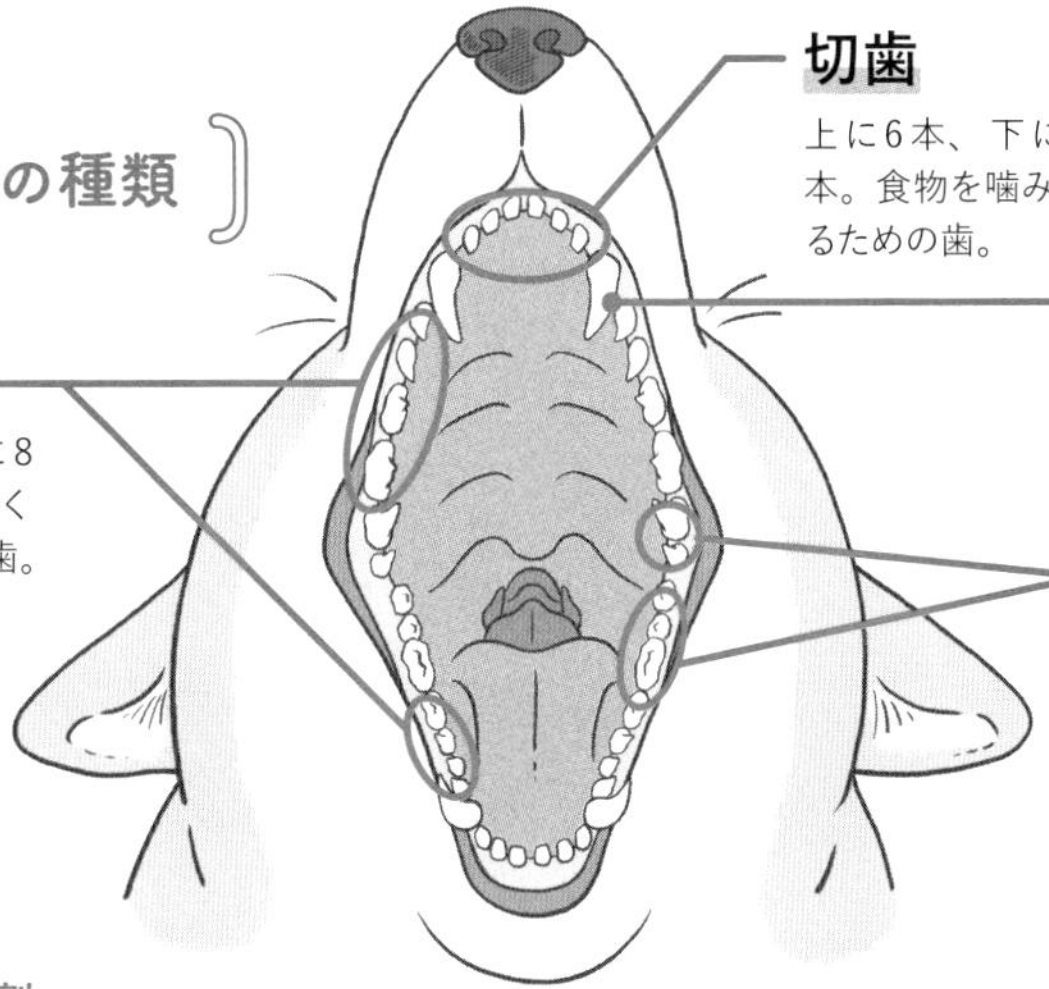
切歯
上に6本、下に6本。食物を噛みきるための歯。
犬歯
上に2本、下に2本。獲物を噛んで捕まえる歯。
前臼歯
上に8本、下に8本。食物を細かく引き裂くための歯。
後臼歯
上に4本、下に6本。食物を細かくすりつぶす歯。

歯の役割

- 野生時代は獲物を捕まえて、とどめを刺す役割があった。
- 獲物を食べられる大きさに引きちぎる。
- 獲物をすりつぶし、嚥下できるようにする。

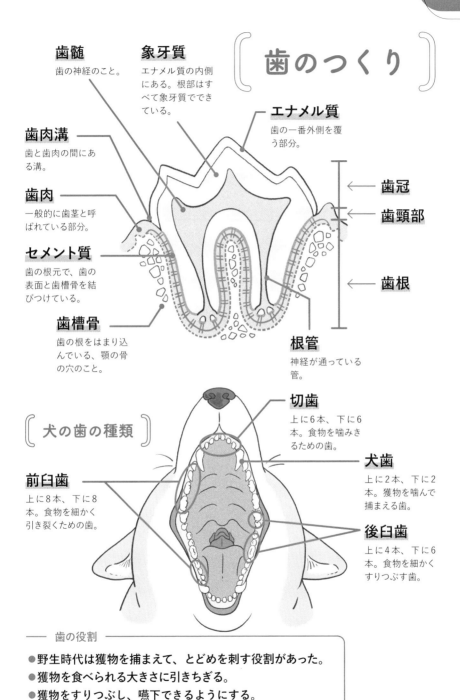

歯周病

……ししゅうびょう

症状

・歯肉が赤く腫れる
・強い口臭がある　・歯がぐらつく
・歯の根元から出血や膿汁が出る
・目の下の皮膚が腫れて膿がたまる
・くしゃみが出る
・歯肉腫ができる
・歯が抜ける

原因

歯垢中の歯周病関連細菌によって**歯肉が炎症を起こす「歯肉炎」**と、周辺**の組織が炎症を起こす「歯周炎」**を総称して歯周病と呼ぶ。歯肉炎の時点で治療すれば回復できるが、歯槽骨、セメント質、歯根膜にまで炎症がおよぶ歯周炎になると正常に戻すことは難しい。

放置すると歯根の周囲に炎症を生じ、口腔粘膜、頬、鼻腔などの組織に穴が開いて、膿汁や血液が排出することも。

さらに歯周組織から細菌や毒素が血液中に入り、**細菌性心内膜炎などの全身性の病気を起こす**おそれもある。

治療

全身麻酔でたまった歯垢や歯石を除去。炎症があるなら抗炎症剤を使う。歯周組織が重度に破壊されている場合は抜歯する。予防は歯のケアを行うこと。

歯周病の進行

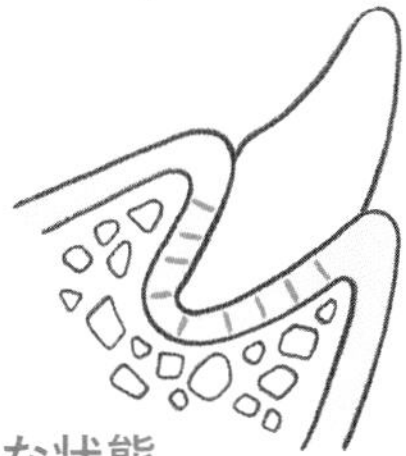

❶ 正常な状態

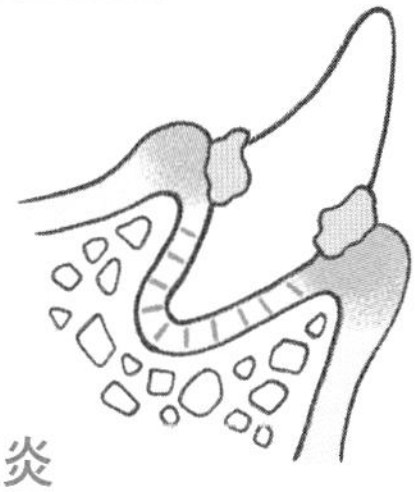

❷ 歯肉炎

・歯垢や歯石が少したまり始めている。

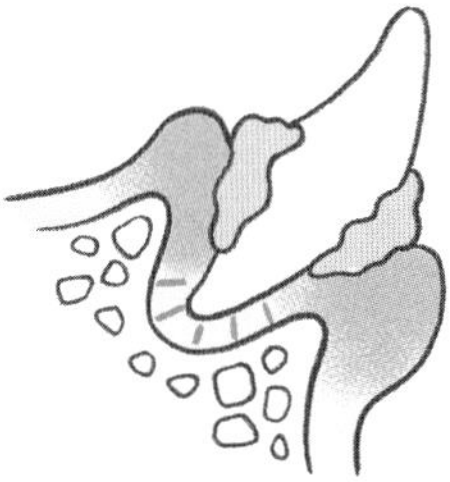

❸ 歯周炎（軽度～中程度）

・歯垢や歯石がたまる歯周ポケットが形成される。
・歯肉は腫れるか、縮小する。

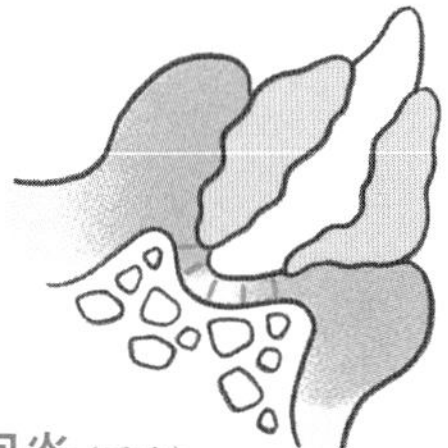

❹ 歯周炎（重度）

・歯周ポケットが炎症を起こし、化膿する。
・歯がぐらつくようになる。

口腔内腫瘍……こうこうないしゅりゅう

症状

・歯肉にしこりができる　・歯垢がたまる　・歯周病
・よだれが増える　・食べると出血する　・口臭が強くなる
・下顎リンパ節の腫れ　・嚥下困難

原因

口の中にできる腫瘍のため、口腔からの出血、口臭などのほか、口の開閉がしにくくなったり、下顎のリンパ節が腫れたりする。次第に物が食べにくくなり、食事に支障を来す。

口の中にできるしこりには、**歯肉腫、悪性黒色腫（メラノーマ）、扁平上皮癌、線維肉腫、リンパ腫、歯源性腫瘍**などがある。

歯肉腫には次の3種類がある。歯周炎や歯石の刺激によって起こる炎症性のもの、ウイルスや細菌感染などによる内分泌異常で起こるもの、良性腫瘍によって起こる腫瘍性のものだ。

悪性黒色腫（メラノーマ）は非常に悪性度が高く、口の奥の方に発生することが多いので初期に発見することも難しいが、完全摘出も不可能である。早期に発見できたとしてもすでに転移していることが多い。異様な口臭で気付くことがある（悪性黒色腫、扁平上皮癌について詳しくは161ページ）

他の腫瘍も、発生部位によっては完全摘出できないことが多い。

治療

歯肉腫は外科手術で腫瘍を摘出できる。しかし、歯肉腫だと思っていたら悪性黒色腫などの悪性腫瘍のこともあると、歯肉腫の中には抜歯を行うとさらに悪化してしまうものがある。

可能であれば、**術前にほんの少しだけ採材し、病理診断を行ってから手術に臨んだ方が安全**である。

また、術後も定期的に再発のチェックを行うことが望ましい。

犬に多い
口腔内悪性腫瘍は…
悪性黒色腫（メラノーマ）
扁平上皮癌

破折・咬耗 …はせつ・こうもう

症状

・歯の神経が露出　・歯の神経が菌などに感染

原因

破折は硬いものを噛むことで歯の先端が折れた状態。臼歯で骨やひづめなどの硬いものを噛むと、歯がはがれるように折れることが多い。交通事故や落下事故で折れることもある。顎の骨の中にある見えない歯根が破折することもある。

咬耗は、歯がすり減ること。加齢で歯がすり減る生理的な咬耗と、骨やおもちゃなどを噛むことや、歯磨きのしすぎなどですり減る咬耗がある。

治療

神経に達しない場合は、歯冠修復材で修復するか経過観察をする。神経に達していて神経が生きている場合は、歯髄保護剤と歯冠修復材で治療するか、抜歯。神経が死んでいる場合は、神経を抜いて根管充填剤と歯冠修復材で充填するか抜歯。歯根が破折している場合は、経過を見るか抜歯となる。

予防としては、ひづめや骨などの硬いものをかじらせずに歯磨きを行うこと。柴犬では、上顎第4前臼歯での破折がよく見られるので、より注意が必要である。

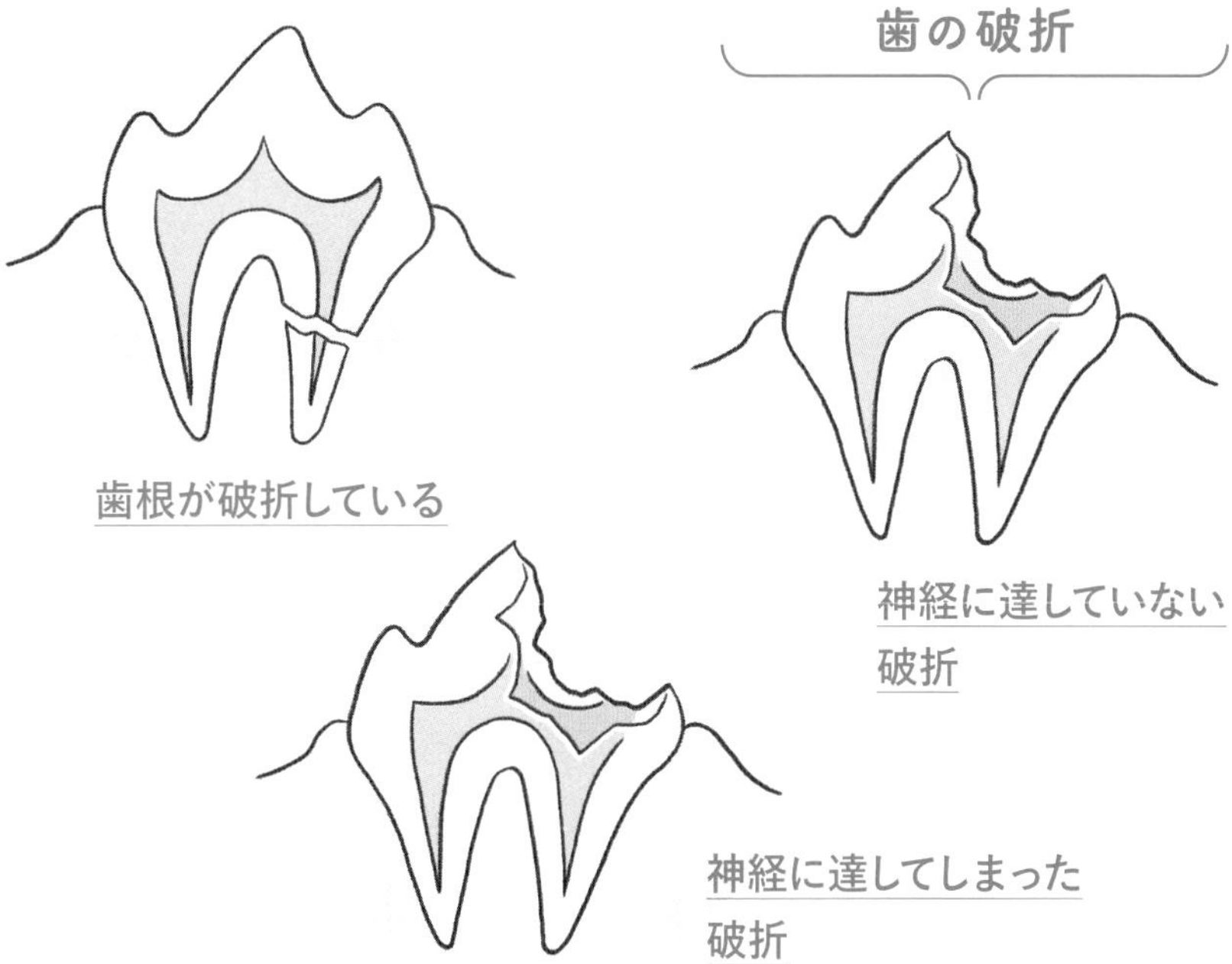

乳歯遺残 …にゅうしいざん

症状

・乳歯が抜けない　・歯並びの悪化
・歯が歯肉や粘膜に当たる
・早期の歯石沈着や歯周病が起こりやすくなる

原因

犬の歯は通常、生後4ヶ月になると切歯、5ヶ月頃に臼歯、6ヶ月までに犬歯が、乳歯から永久歯に生え変わる。

しかし、その時期になっても**乳歯が抜けずに残ることを乳歯遺残**という。

そのまま放置すると、乳歯が邪魔をして永久歯が正しい位置に出られないため、歯並びの悪化やそれによって汚れがたまりやすい状態となり、**歯周病などのトラブルが起こりやすくなる**。

治療

永久歯が生えても乳歯が残っている場合は**抜歯を行う**。すでに永久歯の位置がずれている場合は、矯正術を行うこともある。永久歯がずれることを避けるためには、**4〜6ヶ月の生え変わりの時期に歯の状態を動物病院で診察**し、早期発見につとめることが重要。

口内炎・舌炎 …こうないえん・ぜつえん

症状

・頬の粘膜、歯茎、舌が赤く腫れる、ただれる、出血する
・口を気にする　・口臭が強い
・よだれが多い　・膿汁が出る
・舌の表面が白くただれたり、縦に溝ができる
・食事をうまく食べられない

原因

口腔内の粘膜などにできる炎症の総称。原因は、歯垢や歯石による刺激で起きるもの、硬いおもちゃを口に入れて傷つける、木の枝や割り箸、布などが歯に挟まって取れない、交通事故、落下事故など外部刺激によるもの、感染症や病気による代謝異常、免疫介在性によるものなど、様々である。

治療

血液検査、尿検査、超音波検査、病理学的検査などを行い、関連する他の病気があるか確認する。**原因となる病気が特定できた場合は、その治療を行う。口内炎の対処療法として、消炎剤、抗生物質などを用いる**が、生検手術で病理診断が必要な場合もある。

予防や早期発見のために、歯のケアや口の中のチェックを行い、栄養バランスのよい食事を与えることも有効。

顎関節症

…がくかんせつしょう

症状

・顎をかくかくさせる
・舌をくちゃくちゃさせる
・口がうまく開かない
・ものが食べにくい
・口を痛がるしぐさをする

原因

犬の顎は複雑な形状をしており、筋肉と関節、神経が集中して下顎を支え、食事や咆哮などで口を開閉する際にはこれらが連動しながら機能している。

顎関節症は、この顎の骨と頭の骨をつなぐ関節が炎症を起こし、痛みを引き起こして口が開きにくくなったり、口を動かすたびに音が鳴ったりなど、様々な支障をきたす疾患である。

顎関節症で生じる痛みは顎関節の痛みと咀嚼筋の痛みに分けられ、そのいずれかまたは両方が痛むことになる。

原因は骨やひづめ、プラスチックなどの硬いものを噛んだり、交通事故や落下事故などによって顎の骨が骨折や脱臼し、炎症が起こって骨が変形するもの、ストレスや違和感からの歯ぎしりで起こるもの、歯周病や耳の病気から起こるものなど、いろいろある。

治療

まず問診によって、どのような症状がいつごろから出ているかを調べ、原因となるケガや疾患などを確認する。

その上で、顎の動きや顎や咀嚼筋の痛みの検査、頭部のX線検査やCT検査によって顎関節やその周辺の筋肉に異常がないかを調べていく。

原因が特定できれば、それを改善していく治療を行う。顎関節症は軽度であれば手術で治すことが可能だが、時間が経って顎関節が大きく変形していたり、口がまったく開かない状態になっていたりすると完全に治すことが難しくなるので、症状に気づいたら早めに動物病院で診察を受けること。

口から食事や水分をとれない場合、胃にチューブを流して胃ろうの形で必要な栄養や水を補給することになる。

顎関節症の予防には、骨やひづめなどの硬いオヤツやおもちゃを与えないようにすること、原因となりがちな歯周病を防ぐために歯のケアをしっかり行うこと、歯ぎしりをやめさせるためにストレスを解消する機会を増やすことなども有効となる。

咬み合わせの話

犬の歯は本来、上顎の歯が下顎の歯に少しかぶるように咬み合わせるのが正常な状態であり、これと違った咬み合わせになることを不正咬合という。

不正咬合は、顎の長さや幅のバランスが崩れることで生じる骨格性不正咬合と、歯の位置の異常によって生じる歯性不正咬合とに分けられる。

犬によくみられる不正咬合は、下顎の犬歯が正常な位置より内側に出るものと、前歯の1本または数本の歯が咬み合う歯より内側や外側に出るものとがある。

不正咬合であっても犬が気にしていなければ問題ないが、状態によっ

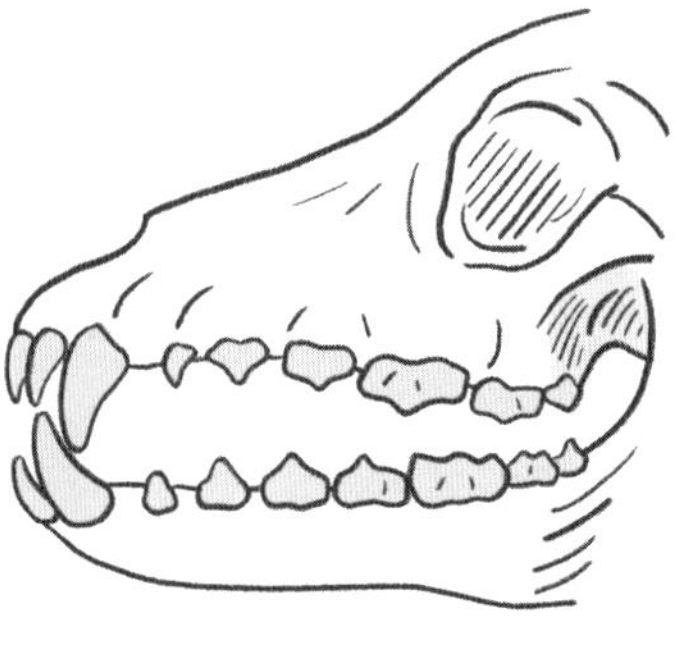

正常な咬み合わせ

上の前歯の裏面に、下の前歯の表面が軽く接触する咬み合わせ。シザーバイト（鋏状咬合）と呼ばれ、柴犬の正しい咬み合わせになる。

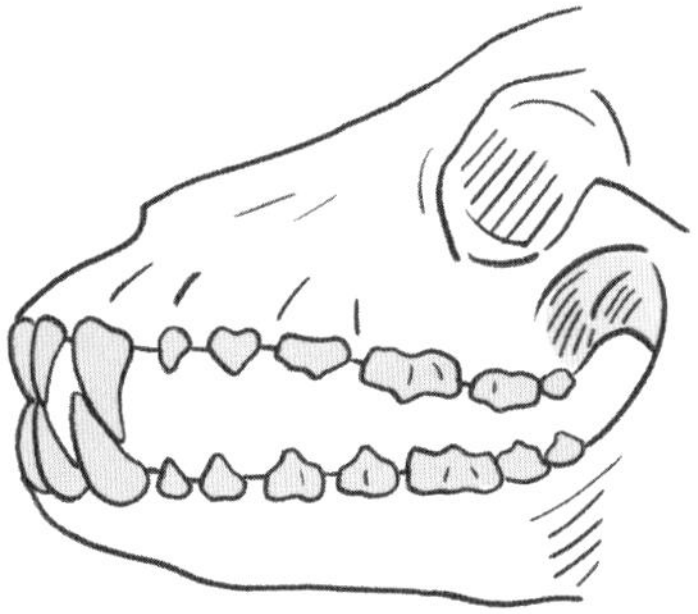

切端咬合

上下の前歯の端がきっちり咬み合う形。レベルバイト（水平咬合）とも呼ばれる。

ては食事がしにくくなったり、歯の先端が口蓋や他の歯に当たって傷が生じ、痛みや不快感をともなったりする場合もあるので、気がついたら動物病院で診察を受けること。

　なお、子犬のうちは咬み合わせが悪くても、成長するにしたがって顎の骨や筋肉が発達したり、歯が生え変わることによって改善するケースもある。

　骨格性不正咬合の場合は治療することはできないが、歯性不正咬合の場合は、咬合の状態や時期によって治療できることもある。

成長で
変わることも

下顎突出咬合

口を閉じた時に、下の前歯が上の前歯の前に出ている咬み合わせ。上顎が短いか、下顎が長い場合に起こる。アンダーショットと呼ばれる。

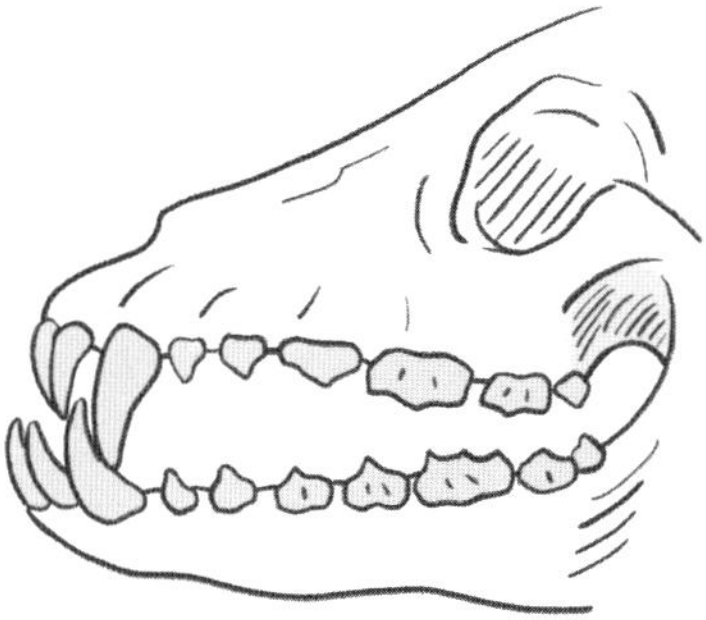

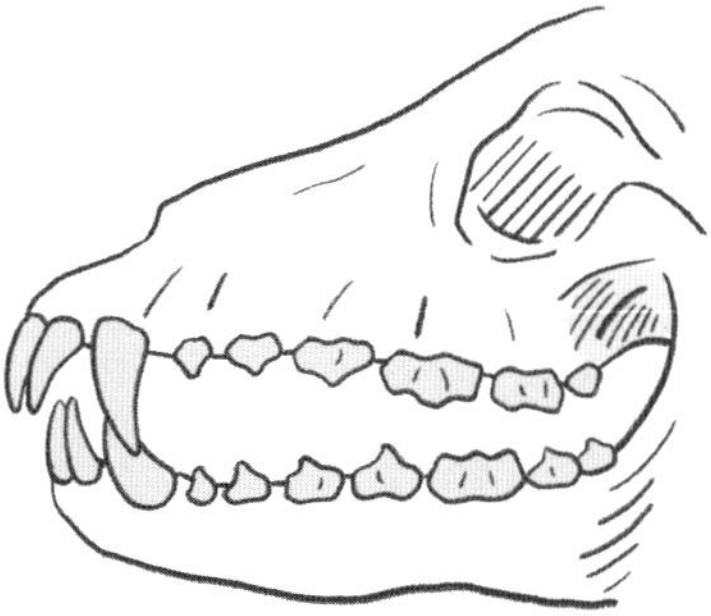

上顎前出咬合

咬み合わせた時、上下の前歯の間に隙間ができるもの。上顎が短いか、下顎が長い場合に起こる。オーバーショットと呼ばれる。

症状

- 臼歯がはがれるように折れる
- 歯の神経が露出する
- 破折部位だけ歯周病を起こしている

柴犬に多い病気

第4前臼歯破折

だい4ぜんきゅうしはせつ

原因

人の奥歯とは異なり、犬の臼歯は先端がとがっており、上顎の第4前臼歯と下顎の第1後臼歯がスライドする、ハサミのような噛み合わせとなっている。犬がものを噛む際は、ほとんどこれらの歯を使っているため、骨やひづめなどの硬いものを噛んだり、ボールやサークルの柵などをくわえたりすることで、とくに**上顎の第4前臼歯の外側部分がはがれるように折れる**ことが多い。

柴犬は噛むことが好きな子が多く、中でも硬いものを好むタイプが多い。そのため第4前臼歯破折になりやすい。その他、交通事故や落下事故で破折することもある。

治療

レントゲンによって破折の程度を確認した上で治療方法を決める。

第4前臼歯は犬にとってとくに大事なので、なるべく歯の治療のみで抜歯せず、**歯を保存する方向で検討していく**。

破折が歯の神経に達していない場合は歯冠修復材で詰め物をして歯の修復を行うか、しばらく経過を見る。

破折が歯の神経に達していて、なおかつ神経が生きている場合は歯髄保護剤と歯冠修復材で治療するか、抜歯を行う。神経が死んでいる場合は、神経を抜いて根管充填剤と歯冠修復材で充填するか、抜歯を行う。

第4前臼歯の場合、歯肉の下まで割れるケースも多く、歯の治療だけでは修復が難しく、抜歯が必要となる場合も多い。第4前臼歯に限らず、犬の歯の破折を予防するには、長時間硬いものを噛ませないように注意する。

日頃与えているオヤツや使っているおもちゃ、道具などを見直すことも有効である。

4章

消化器系の病気

食道から肛門まで、食べ物を消化する役割を持つ一連の臓器に関する病気を集めた。消化器系疾患にかかると栄養がうまくとれなくなることが多い。早期発見・治療に努めたい。

消化器の流れ

小腸…空腸、回腸
大腸…結腸、直腸

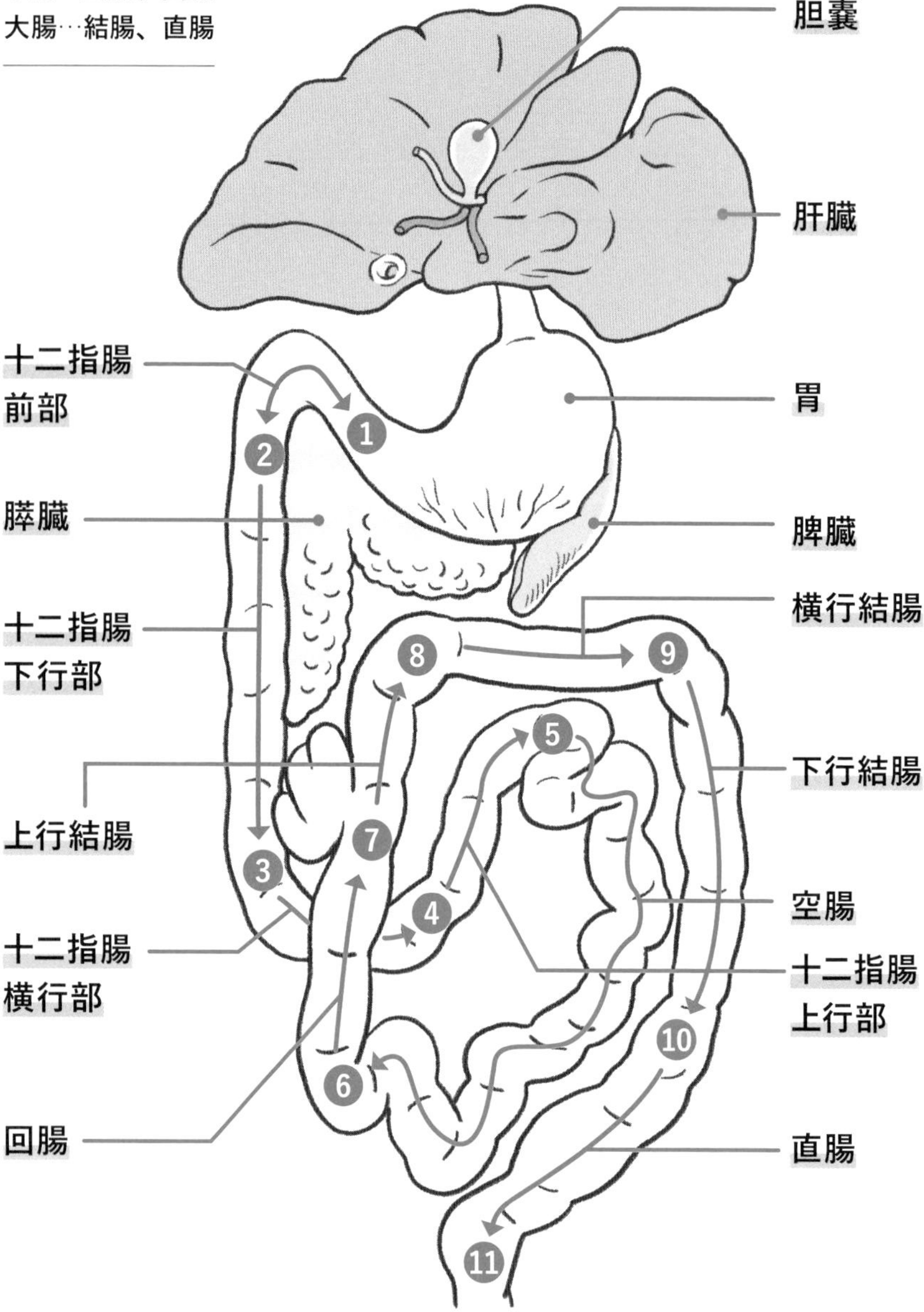
胆嚢
肝臓
十二指腸
前部
胃
膵臓
脾臓
横行結腸
十二指腸
下行部
下行結腸
上行結腸
空腸
十二指腸
横行部
十二指腸
上行部
回腸
直腸
1
2
3
4
5
6
7
8
9
10
11

臓器から分泌される消化液

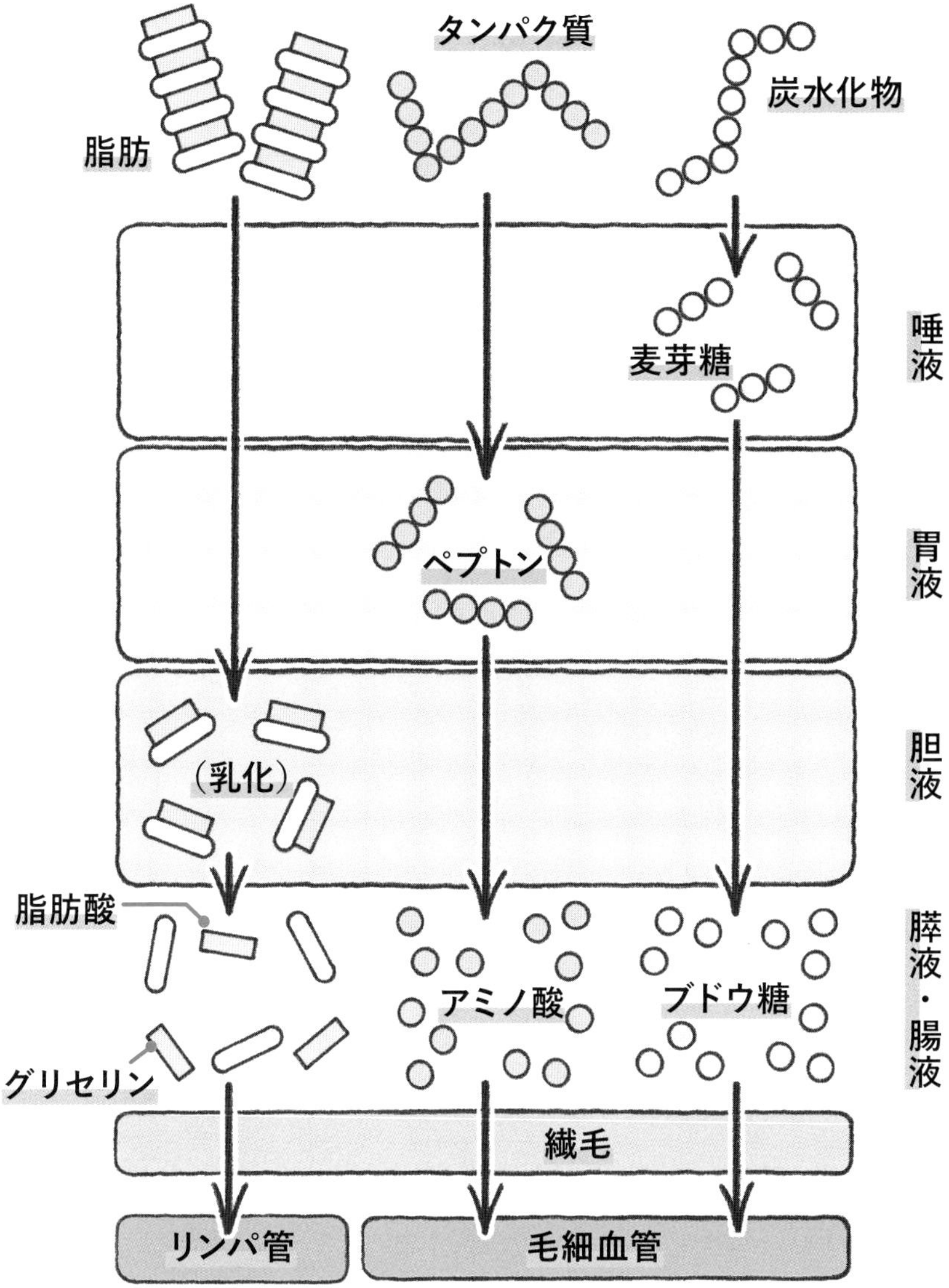
タンパク質
脂肪
炭水化物
唾液
麦芽糖
胃液
ペプトン
胆液
（乳化）
脂肪酸
膵液・腸液
アミノ酸
ブドウ糖
グリセリン
繊毛
リンパ管
毛細血管

３大栄養素（炭水化物、タンパク質、脂肪）は、消化器の各器官から分泌される消化液によって糖やアミノ酸などに分解される。それぞれの分泌液で消化・分解できる栄養素は決まっている。糖やアミノ酸は毛細血管、リンパ管に吸収され、体の各器官に運ばれていく。

食道炎

…しょくどうえん

症状

・ヨダレが増える
・食欲不振
・震える
・嚥下運動が増加する
・頭を伸ばして立つ
・飲み込む時に痛がっている
・咳が出る
・巨大食道症を発症する

原因

食道とは、口から取り入れた食べ物が胃の中に入る前の通り道。その**食道に炎症が起こる病気**。

原因は、刺激のある物質を飲み込むこと、薬・異物による外傷、過度の嘔吐や全身麻酔などでの胃酸の逆流（逆流性食道炎）などである。

食道炎を起こすと食道括約筋がゆるむため、さらに胃液が食道内に入りやすくなる。そのため食道炎はどんどん悪化していく。**悪化すると巨大食道症や食道狭窄を引き起こし、治癒が困難となってしまう**。

これらの慢性化、または重度の食道炎では、食欲不振の他に沈うつ、脱水などが見られ、長期間続くと痩せていく。誤嚥性肺炎と合併すると、咳や呼吸困難などの症状も出てくる。

治療

食事をとることで悪化するので、**動物病院に行く前には食べ物を与えず、水だけ飲ませるようにする**。

身体検査、バリウムなどによる食道造影X線検査、内視鏡検査などで食道炎の状態や原因を確認し、治療方法を検討していく。

原因となる疾患の治療を行い、同時に炎症を抑えるために制酸剤、H_2ブロッカー、粘膜保護剤などを使う。

食事には高タンパク・低脂肪フードを用い、嘔吐がなければ流動食もしくは柔らかい食べ物を、少量ずつ頻回で与えるようにする。

重度の食道炎では、食道を休めるために胃ろうチューブを設置し、チューブを通して食べ物や水を与えることが必要となる。

食道拡張症
…しょくどうかくちょうしょう

症状

・吐き戻す
・歩行困難
・起立困難

原因

食道の一部または全体が拡大し、機能が低下して、食べ物をうまく胃に送れなくなる病気。先天的または後天的な原因で起こる。先天的の原因はわかっていないが、離乳後まもない子犬に見られることが多い。後天的の場合は重症筋無力症や甲状腺機能低下症、副腎皮質ホルモンが低下するアジソン病、特発性などが原因となる。

治療

通常のX線検査により診断する。食道拡張症での死因の多くは、咽頭の麻痺による誤嚥性肺炎であるので、原因が究明されるまで待っていられない。原因が究明されるまでは、対症療法をメインとして行っていく。水や食事を高い場所に置き、食後は立たせた状態を保持することで食べ物が胃に流れるのを助ける。また、咳き込む犬や世話の難しい犬には、胃ろう設置が薦められる。

また原因が特定できた場合は、その病気の治療も行う。元気な時も油断せず、誤嚥を防ぐ配慮をすることが重要である。

食道の筋肉がゆるみ、だらんと管が拡張してしまう。食道全体が拡張することがほとんど。本来ならば食道はレントゲンに映らないのに、くっきりと空洞が映るようになる。

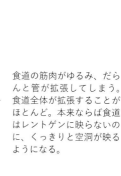

胃のつくり

❶胃底部
胃の上部で噴門に近い部分。横隔膜に接している。

❷胃体部
胃の中心部分。

❸幽門部
胃の出口に近い部分。

総胆管
肝臓で生産され、胆嚢で凝縮された胆汁を十二指腸に流す管。

食道

噴門
食道からつながる胃の入り口部分

大十二指腸乳頭
十二指腸内にある小さな盛り上がり。穴が空いていて、総胆管とつながっている。

幽門
胃の出口部分で、十二指腸につながっている。

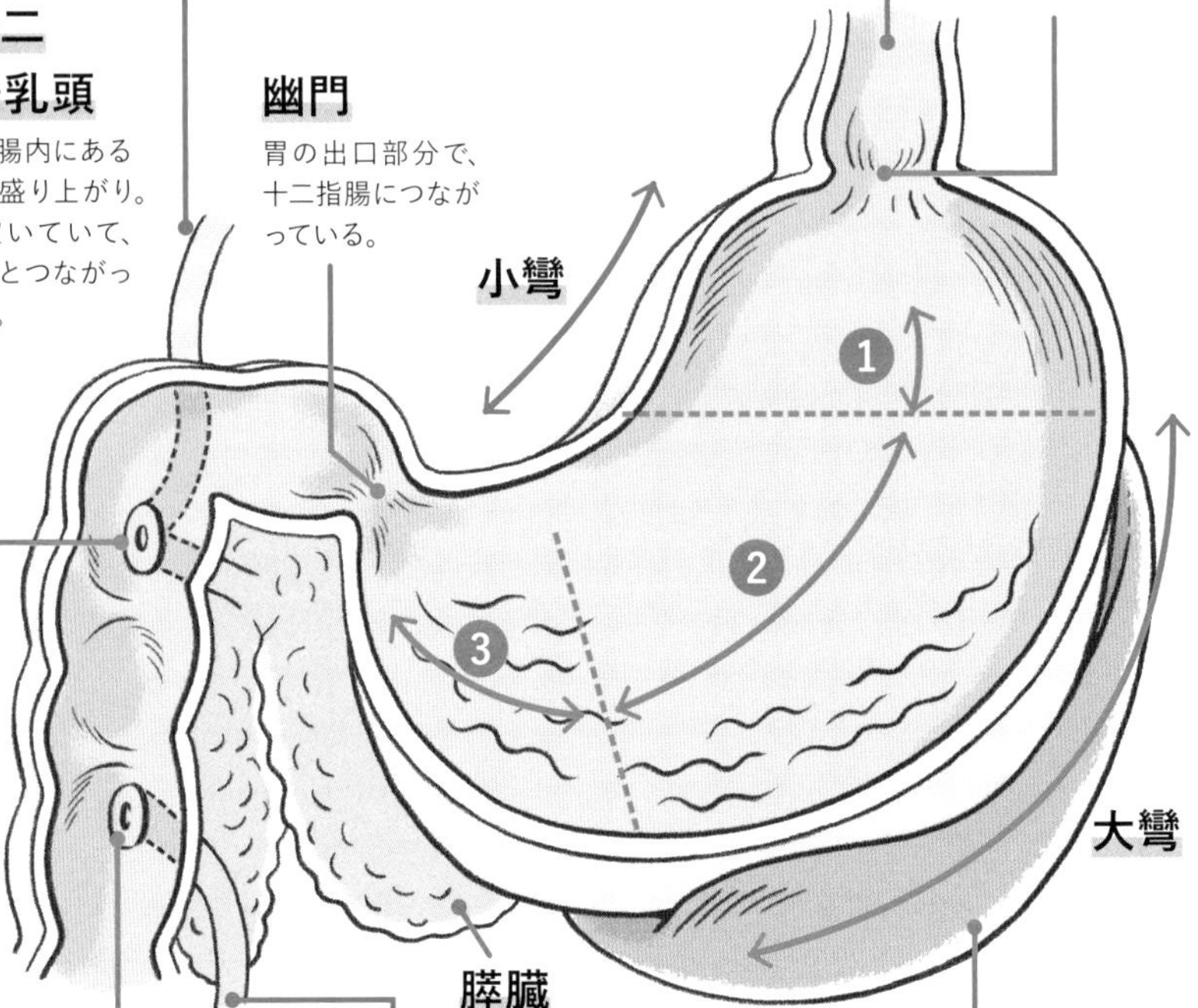

膵臓

小十二指腸乳頭
十二指腸内にある小さな盛り上がり。穴が空いていて、副膵管とつながっている。

副膵管
膵臓で生産された膵液を十二指腸に送る管。

脾臓

胃の役割

- 胃に入ってきた食べ物と消化液を混ぜ合わせて、消化する。

胃炎 …いえん

症状

・嘔吐　・食欲不振
・体重減少　・沈うつ

原因

胃粘膜の炎症に伴う急性、または慢性に嘔吐する病態を胃炎という。

急性胃炎は24〜48時間以内に治る原因不明の急性嘔吐で、誤食、中毒、薬物、ウイルス感染、過剰な免疫応答、尿毒症、肝不全、膵炎、アジソン病などが原因となる。

慢性胃炎は治療に反応することなく嘔吐が数週間持続する場合をいう。リンパ球形質細胞性胃炎、好酸球性胃炎、萎縮性胃炎、肥厚性胃炎などがある。

治療

病歴や身体検査による除外診断、治療に対する反応を見ながら、血液検査、尿検査、糞便検査を行う。また、アジソン病を否定するためのＡＣＴＨ刺激試験を行い、レントゲンや内視鏡検査で異物や腫瘍を除外する。

症状が7日以上続いていて悪化する場合には、内視鏡検査で観察と胃粘膜の生検を行って病理検査をする。

治療は、まず12〜24時間の絶食を行う。次に低脂肪低繊維の低刺激性かつ低アレルギーフードを与え始める。

中等度以上の症状では、制吐剤や消化間運動機能改善薬、胃粘膜保護剤、胃酸分泌抑制剤を使用する。

胃酸分泌過多 …いさんぶんぴつかた

症状

・胃液だけの嘔吐を繰り返す
・草を食べる
・食道や胃に炎症が起きる
・吐血する

原因

胃の中が空っぽにも関わらず、胃酸が過剰に分泌される状態。**過剰に分泌された胃液は、自らの胃粘膜を刺激し続けるので嘔吐が起こる。**吐瀉物は胃液のみで、胃内容物を吐くことがないのが特徴。明け方や夕方の食事前に吐くことが多い。

1ヶ月に1回吐く程度ならさほど問題ないが、1週間に1回以上吐く場合は、放っておくと胃潰瘍となり吐血することもある。刺激物を食べたり、環境の変化などによるストレスによっても胃酸過多となる。

治療

食事の時間を遅くする、食事の内容を変えてみる、回数を増やす、などの対処を行う。改善が見られないなら、他の疾患との区別をした上で、胃酸分泌抑制剤などを投与していく。ストレス原因を解決することも有効。

胃食道重積
…いしょくどうじゅうせき

症状

・頻繁に吐く　・脱水
・体重減少

原因

胃の上部にある噴門部や胃体部の一部が食道内に入り込む病気で、犬に起こるのはまれである。ただし、子犬のうちに胃拡張を起こした犬の場合、胃食道重積になることがある。

また次に紹介する胃食道裂孔ヘルニアの病態の一つとして分類されることもある。

治療

バリウム造影検査や内視鏡検査、CT検査を行い、患部の状況をチェックしたうえで、外科手術によって食道に入り込んだ胃を整復する。さらに、胃を固定する手術を行う。

胃食道裂孔ヘルニア
…いしょくどうれっこうへるにあ

症状

・食欲低下
・嘔吐
・元気消失

原因

横隔膜は、腹部と胸部を隔てている膜。この横隔膜には食道や血管、神経を通す食道裂孔が開いており、本来は食道と胃の上部にある噴門を閉めることで、胃の内容物の逆流を防ぐ働きを担っている。

この噴門が食道裂孔から飛び出して横隔膜が締まらなくなり、胃酸が逆流したり、食道炎を起こしたりする状態が胃食道裂孔ヘルニアである。

原因は不明だが、生まれつき食道や血管と横隔膜がつながっている穴が大きいと、その隙間から胃が飛び出しやすくなる。この病気は子犬の頃から見られ、呼吸が早かったり、他の兄弟よりも発育が悪くなることもある。

治療

バリウム造影検査や内視鏡検査、CT検査を行い、治療方法を決める。

逆流性食道炎が重度である場合や、ヘルニアが心臓や肺を圧迫している場合は外科手術を行う必要がある。患部近くの腹部や胸部に穴を開けて、そこから内視鏡を使って手術を行い、臓器を元に戻し、大きく開いた穴をふさぐ。

胃食道裂孔ヘルニアは先天性のため予防することはできないが、日頃から食事の様子や発育の状態をよく見ておき、心配なことがあれば早めに動物病院を受診する。

胃拡張胃捻転症候群

…いかくちょういねんてんしょうこうぐん

症状

・ヨダレをダラダラ流す
・吐くしぐさを頻繁にする
・お腹を痛がっているそぶりを見せる
・急激に腹部が膨れる
・呼吸困難、虚脱を起こしている
・粘膜が蒼白になっている
・ショック状態に陥っている

原因

過度の胃の拡張あるいは捻転が起こり、急激に胃が膨らみすぎることで腹部大動脈及び大静脈が圧迫される。それにより血行が遮断されてしまい、ショック状態に陥って死に至る急性の病気である。

原因はわかっていないが、ほとんどが食後や飲水後すぐの運動の後に起こっていることから、胃内容物に反応した胃の動きと激しい運動による胃の揺さぶりが合わさり、胃が異常な動きになってしまい捻転や拡張が起こると考えられる。また、激しい運動などで息が激しくなり、大量に空気を飲み込んで起こる場合もあるとされる。

胃が捻れてガスが抜けにくくなると胃の拡張が進行し、横隔膜を圧迫して換気が阻害され、呼吸もしにくくなる。

治療

命に関わるため、緊急処置が必要となる。まず過度に胃が腫れている場合は、太めの針を腹壁から腫れた胃に刺してガスを抜き減圧する。次に意識のある場合は、レントゲンを撮って胃拡張か捻転かの区別をする。

意識がない場合には、針で減圧しながらカテーテルを口から胃に通してみる。カテーテルが胃に容易に入ったならば胃拡張と判断できる。捻転のほとんどは、カテーテルが胃の中まで入らないからだ。捻転した胃は、減圧してもすぐにガスの貯留が始まり、やがて胃壁は壊死してしまうので緊急の開腹手術を行う。

予防には、食事を小分けにして一度に多く食べさせないようにする、食後の運動を控えるなどの管理を行うこと。

肝臓・胆嚢のつくり

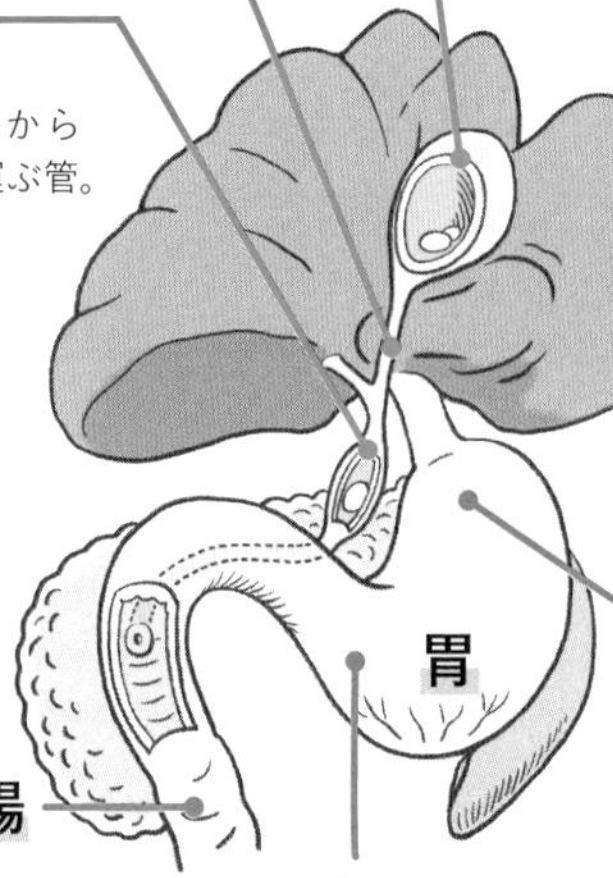
胆嚢管
総胆管から胆嚢につながる管。
胆嚢
総胆管
胆汁を胆嚢から十二指腸に運ぶ管。
肝臓
噴門
胃
十二指腸
幽門

肝臓の役割

- 3大栄要素を代謝し、貯蔵する。
- アルコールや薬、有害物質などを分解、排泄する。
- 脂肪の消化に必要な胆汁を生成、分泌する。

胆嚢の役割

- 胆汁を貯蔵し、濃縮させる。
- 十二指腸に濃縮した胆汁を送る。

膵臓・脾臓のつくり

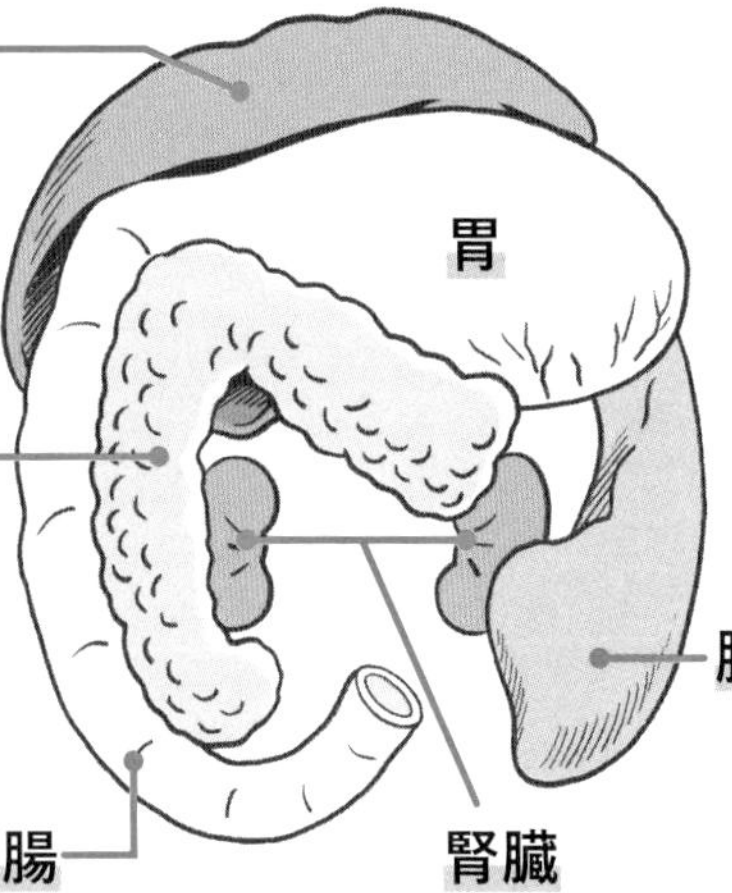
肝臓
胃
膵臓
脾臓
十二指腸
腎臓

膵臓の役割

- 消化液である膵液を生成、分泌する。
- インスリンなどホルモンを生成、分泌する。

脾臓の役割

- 血液中の古くなった赤血球を壊す。
- 病原菌に対する抗体を作る。
- 新しい血液を溜める。

慢性肝炎 ……まんせいかんえん

症状

・慢性的な食欲不振　・黄疸
・腹水がたまる

原因

名前の通り慢性的な肝臓の炎症であり、やがて繊維化が起こり最終的には肝硬変となる疾患である。銅関連性肝炎と特発性肝炎の2タイプがあるが、犬ではほとんどが特発性肝炎である。

銅関連性肝炎は、銅の代謝機能に障害が起こり、肝臓に銅がたまって炎症を引き起こすもので、遺伝性疾患と急性銅中毒によるものがある。特発性肝炎は、名の通り特発性のため原因は不明。自己免疫、レプトスピラや犬アデノウイルス1型などの感染、薬剤などが関与することは知られている。

どちらも、軽度から中等度の場合は元気喪失・食欲低下する程度だが、重度になると腹水貯留、黄疸、血液凝固異常、けいれん発作などが見られる。さらに進行すると頻繁にけいれんするようになり、難治性の消化管出血が続き、死の転機をたどる。

治療

銅関連性肝炎の場合は銅を制限した食事を与え、銅のキレート剤を投与する治療が一般的。特発性肝炎の場合はシクロスポリンなどによる免疫抑制療法を用いることが有効である。

急性肝炎 ……きゅうせいかんえん

症状

・頻回の嘔吐　・食欲不振　・黄疸
・炭のように真っ黒な海苔状便
・けいれん　・ショック状態

原因

アデノウイルス1型、ヘルペスウイルス（新生児）などのウイルス感染や、レプトスピラなどの細菌、バベシアなどの寄生虫、化学物質などによる中毒が主な原因となる。

ほぼ無症状のまま完治するものから重篤な肝不全を起こすもの、慢性肝炎へと移行するものまで様々である。

治療

血液検査を行うとＡＬＴの顕著な上昇が見られ、肝臓の実質が障害されるとＡＳＴの上昇も見られる。ＡＬＰの上昇は軽度である。急性肝炎の原因を特定するためには、これまでのワクチン接種歴や他の動物との接触歴、投薬歴、摂取したものなどについて調べる必要があるため、普段からこれらの情報をしっかりと記録しておくとよい。

治療には輸液による体液の管理と細菌感染の治療、敗血症の予防を行う。

肝臓の非炎症系疾患／肝臓腫瘍

肝臓の非炎症性疾患は、感染性と非感染性に分けられる。肝臓の腫瘍は、肝臓から発生するものと、別の部位から転移するものがある。

●門脈体循環《もんみゃくたいじゅんかん》シャント

症状

・発育不良　・嘔吐・甘い口臭
・ヨダレが多くなる
・ふらつき、旋回、発作
・膀胱内アンモニア結石

原因

通常、食べ物から摂取したタンパク質は体内で代謝され、その結果アンモニアなどの毒素が作られる。毒素は腸管から吸収され、門脈という血管を通って肝臓に運ばれることで化学的な処理が行われて無毒化する。

門脈と全身の静脈をつなぐ余分な血管「シャント血管」があることで、肝臓で無毒化されるはずの毒素が処理されずに全身を巡り、様々な症状が起こる病気。先天性と後天性があるが、後天性は門脈の血圧上昇や、重篤な肝炎、肝硬変などが原因となる。

治療

軽度の場合や外科的治療の前後、または難しい場合は内科的治療として、**投薬や食事療法で症状を安定・緩和する**。症状が重い場合や根本的治療には**外科手術でシャント血管を閉鎖する**。

●先天性肝障害《せんてんせいかんしょうがい》（原発性門脈低形成《げんぱつせいもんみゃくていけいせい》）

症状

・多くは無症状。健康診断などで肝臓数値の異常が認められ、肝臓の生検で確定診断となる。
・重度だと腹水の貯留が見られる

原因

肝臓内門脈の発育不全によって、**門脈内の血液が肝細胞まで到達しなくなる**ことで肝障害を起こす先天性肝障害である。重度のものは、門脈圧亢進に伴うシャント血管が認められることもある。

治療

治療は必要ない場合が多い。しかし、門脈圧亢進を起こしているものに対しては肝臓用療法食を与え、ステロイド剤やシクロスポリンの投与が必要となる。また、腹水には利尿剤投与などの治療が必要である

胆嚢粘液嚢腫
…たんのうねんえきのうしゅ

症状

・嘔吐　・腹痛　・元気消失
・食欲低下　・黄疸
・胆嚢破裂　・突然死

原因

肝臓で作られる胆汁は、脂肪を消化する役割を果たしており、胆嚢に貯蔵される。食事をとると胆嚢が収縮し、それにともなって胆汁は総胆管を通って十二指腸に放出される。

胆嚢粘液嚢腫は、**この胆汁が胆嚢内でゼリー状に固まることで蓄積し、胆嚢炎を起こしたり、総胆管閉塞を起こしたりする病気**である。

総胆管が詰まると、胆汁が胆管を逆流して全身を巡り、黄疸や嘔吐、元気消失、食欲低下などがみられるようになり、さらに進行すると胆嚢が壊死して破裂したりし、胆汁性腹膜炎を引き起こすこともある。

原因は特定されていないが、胆汁がゼリー状になるのは、胆嚢粘膜の過形成によって粘液分泌細胞から過剰に粘液が出てしまうことによる。

柴犬は好発犬種で、とくに**甲状腺機能低下症と副腎皮質機能亢進症のある犬は発症しやすい**。初期は無症状であり、定期検診などでの超音波検査で偶然見つかることも多い。

治療

超音波検査で診断できる症状が出ていない場合は内科的治療や食事療法を行い、定期的な経過観察を行う。

黄疸などの症状が出ている場合は外科手術によって胆嚢を摘出する。胆嚢を摘出することで胆汁がゼリー状になることを防げ、肝臓から十二指腸に流れるようにする。

胆嚢が破れて胆汁が漏れ出している場合は、緊急に開腹手術を行い、腹腔洗浄や胆嚢摘出など必要な処置を行うが、術後もしばらくは命に関わる状態が続くことが多い。

とくに総胆管が壊死した場合など、進行してからの手術は非常にリスクが高いこと、および胆嚢破裂を起こすと同時に悲鳴を上げてショック死することもある。**胆嚢粘液嚢腫の疑いが強くなった時点で、予防的胆嚢摘出術を行うことが勧められている**。定期的な健康診断を受け、早期発見に努めたい。

急性膵炎

…きゅうせいすいえん

症状

・嘔吐　・腹痛
・お腹を痛がる
・ふらつき、けいれん

原因

様々な原因によって**膵臓に含まれる消化酵素が膵臓内で活性化して自己消化を起こし、炎症が広がる**ことで全身に症状が起こる。原因はよくわかっていないが、免疫、高脂肪食、食事内容の急な変化や誤飲、肥満などで引き起こされることが多い。全身麻酔などで血圧が低下し、膵臓の血液量が低下することでも起こることがある。中性脂肪の高い犬は発症リスクが高い。

治療

血液検査やX線検査、超音波検査、尿検査などで診断する。

治療は**入院して管理しながらの維持療法をメインに行う**。点滴で膵臓の血液の流れを改善したり、膵炎改善剤、制吐剤や鎮痛薬を投与したり、食事療法も行う。早期発見によって重症化を抑えることが大事となる。

ごく軽症なら点滴や内服薬の投与をしながら通院治療するケースもあるが急に悪化しやすいので、こまめな通院や観察が必要となる。

膵外分泌機能不全

…すいがいぶんぴつきのうふぜん

症状

・体重減少　・下痢
・色の薄い未消化便
・食欲増加　・食糞
・慢性的脂漏性皮膚炎

原因

膵臓は、インスリンなどのホルモン分泌を行う内分泌と、消化酵素を分泌する外分泌の働きを担っている。膵外分泌機能不全は、このうちの**消化酵素の分泌が何らかの原因で妨げられて、消化吸収不良が起こる病気**。

遺伝的要因による膵腺房細胞の萎縮、慢性膵炎により膵臓の消化酵素を分泌する細胞が破壊されること、膵臓腫瘍、十二指腸内の炎症などが原因とされている。

治療

糞便検査や血液検査を行って診断する。**不足している消化酵素の粉末を食事に混ぜるなどして投与する**。またビタミン12も投与する。小腸内で細菌の過剰増殖を併発するリスクを抑えるため、抗菌薬を用いることもある。

低脂肪で消化しやすい食事を心がけ併発しやすい慢性膵炎や炎症性腸疾患、糖尿病などの病気を予防していく。

小腸・大腸・肛門のつくり

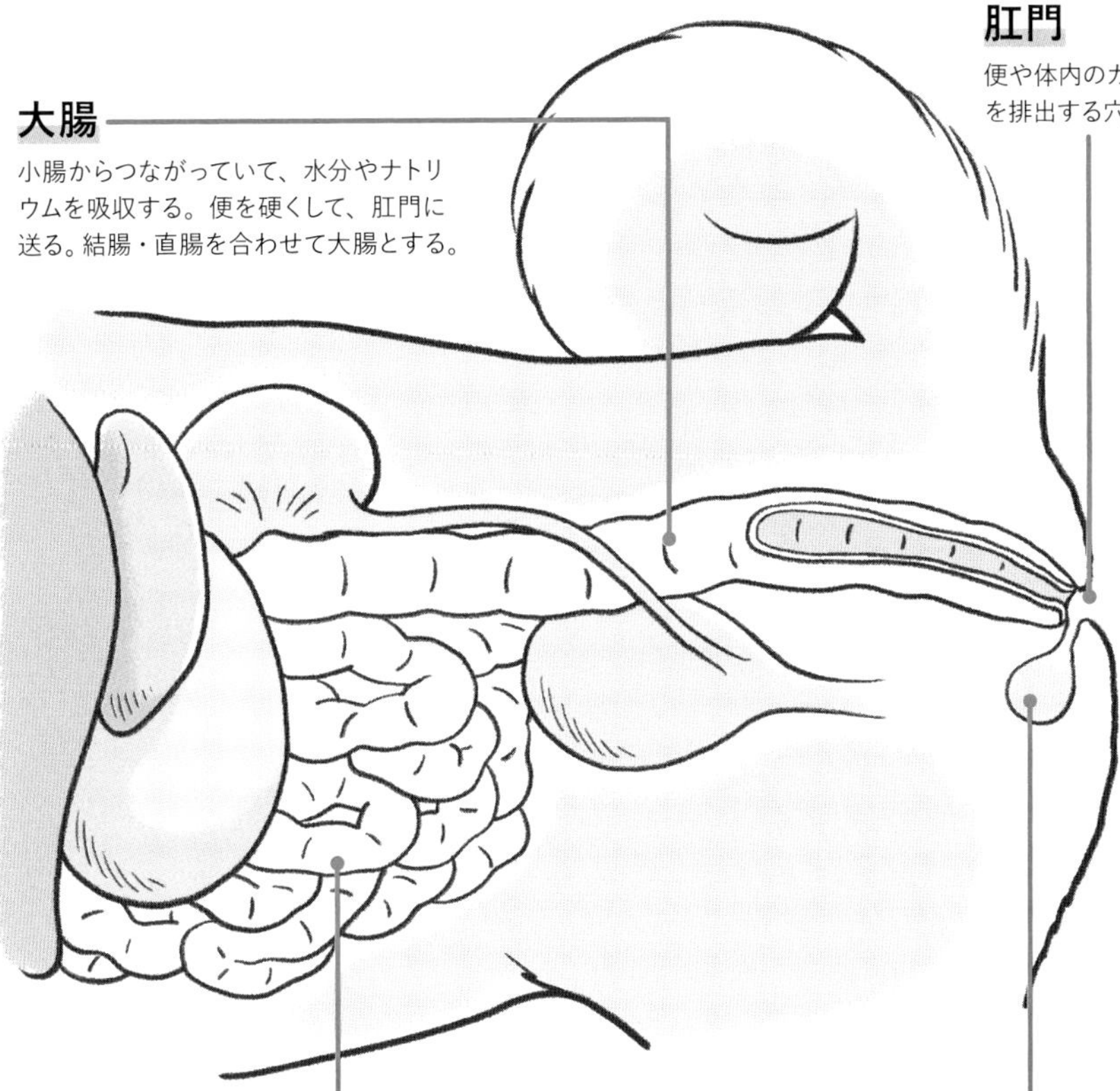

肛門

便や体内のガスを排出する穴。

大腸

小腸からつながっていて、水分やナトリウムを吸収する。便を硬くして、肛門に送る。結腸・直腸を合わせて大腸とする。

小腸

十二指腸からつながっていて、食べ物の消化・吸収を行っている。体で一番長い気管。回腸・空腸を合わせて小腸とする。

肛門嚢（肛門腺）

個体を識別するための、強いにおいのする分泌物を生成する。

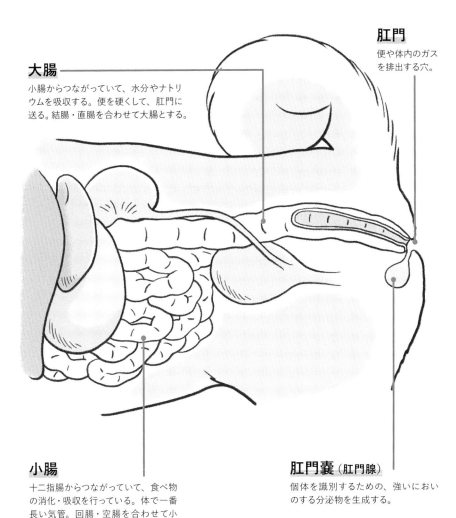

小腸疾患

小腸に異常が起こり発症する病気。ここでは代表的なものを紹介する。

●急性胃腸炎《きゅうせいいちょうえん》

症状

・急な下痢、嘔吐　・食欲不振

原因

胃や小腸の粘膜に炎症が起こり、下痢や腹痛、嘔吐を引き起こす。食べ物（腸内での腐敗や発酵、アレルギーなど）が原因のほか、異物・植物の誤食、細菌（サルモネラ、カンピロバクター、クロストリジウムなど）やウイルス感染（パルボ、コロナ、ジステンパーなど）、寄生虫感染、薬剤、過度の迷走神経刺激などが原因の場合もある。

また、出血性胃腸炎という、嘔吐と凄まじい水様血便とともに血液の著しい濃縮（ＰＣＶ70～80）の見られる、原因のはっきりしない急性胃腸炎がある。アレルギー反応や細菌による毒素が原因ではないかと言われている。

治療

輸液を中心に吐き気どめ、整腸剤、抗菌剤など、原因と症状に応じた薬を投与していく。寄生虫が原因の場合は駆虫薬を投与する。

●十二指腸炎《じゅうにしちょうえん》

症状

・よく背中を丸めた体勢を取る
・お腹を触ると痛がる
・吐血、血便

原因

十二指腸は小腸の一部で、胃からすぐにつながっている部分。この十二指腸に炎症が起こる病気。十二指腸には胆管、膵管が開孔しており、膵臓もついている。そのため膵臓や胆嚢に起きた炎症の影響も受けやすい。胃の疾患の炎症が十二指腸に及んだり、タンパク漏出性腸症が原因となることも。

そのほか、服用薬の影響、身体的・心因的ストレスなども原因になる。

治療

症状が軽い場合は、内服薬で様子を見る。また、療法食や消化のよいフードを与えていく。ひどい場合は血液検査、レントゲン検査、超音波検査、内視鏡検査が必要になる。黒色便が出るようならば、かなり重症なので注意。

心因性ストレスが原因ならば、ストレスの元を取り除かなくてはならないが、原因を究明できる可能性は低いので精神安定剤に頼ることが多い。

●炎症性腸症《えんしょうせいちょうしょう》

症状

・慢性的な下痢、嘔吐
・食欲不振　・体重が減っていく

原因

炎症性腸症（ＩＢＤ）は、**炎症細胞が腸粘膜に拡がっていく慢性的な腸疾患**。なぜ起こるのかは原因不明。

炎症細胞の種類や部位によって、リンパ球形質細胞腸炎、肉芽腫性腸炎、好酸球性腸炎などに分類されるが、犬では、リンパ球形質細胞性腸炎と診断されるケースが多い。

治療

慢性の下痢・嘔吐の症状の場合、まず便検査、血液検査、レントゲン検査や超音波検査などを行う。血液検査でＴＰとアルブミンの低下、超音波検査で特徴的所見がみられた場合には、腎臓や副腎、膵臓などの他の疾患との鑑別を行う。内視鏡による生検、そして病理組織検査で確定診断を行う。

低脂肪低アレルギー療法食による**食事療法を主体に、抗菌剤やステロイド剤などの免疫抑制剤を使用**する。週1回のシアノコバラミン注射も有効。原因が複雑なため、病気を理解し丁寧に管理していくことが大切になる。

●リンパ管拡張症《かんかくちょうしょう》

症状

- 腹水、むくみ
- 食欲不振
- 体重が減る
- 慢性的な下痢

原因

腸粘膜、粘膜下織、腸間膜のリンパ管が何らかの原因で異常に拡張し、**タンパク質が腸内に漏れてしまう病気**。

様々な基礎疾患でリンパ還流が阻害されると、腸のリンパ管圧が上昇して拡張する。また、リンパ管が破裂すると肉芽腫が形成され、リンパ還流がさらに悪くなるのでますます拡張する。

異常に拡張した**リンパ管から腸管内に漏れ出すタンパク量が吸収量よりも多くなると、低タンパク血症**となり下痢や腹水などの症状を出す。

先天性と後天性があるが、犬では後天性がほとんど。腸の炎症や腫瘍、右心不全、門脈圧亢進などでリンパ管内部に圧力がかかってリンパ管が拡張して、腸にタンパク質が漏れ出すケースが最も一般的とされている。

治療

診断、治療は炎症性腸症に準ずる。食事中の脂肪分はリンパ管の拡張を促してしまうので、低脂肪食に切り替えるなど食事療法が重要になる。

●腸内《ちょうない》寄《き》生虫《せいちゅう》

症状

- 食欲不振
- 嘔吐、下痢
- 血便
- 呼吸器症状

原因

回虫を代表とする消化管内寄生虫によって、様々な症状を発する。詳しくは154ページを参考のこと。

大腸疾患

大腸に様々な異常が起こり発症する病気。ここでは代表的なものを紹介。

●大腸炎《だいちょうえん》

症状

・下痢
・嘔吐
・便に粘液が混じる
・排便の回数が増える
・排便が終わってもしばらく排便のポーズをとり続ける（しぶり）
・血便

原因

大腸に炎症が起こる病気の総称で、原因は様々。食べ過ぎ、食べ慣れないものを食べたといった食事性、取り巻く環境の変化による精神的ストレス、季節の変わり目や夏の酷暑などによるストレス、ウイルスや細菌による感染、鞭虫や原虫などによる寄生虫、リンパ球形質細胞性大腸炎などによる特発性、膵炎などによる代謝性、アジソン病などによる内分泌性、大腸にできた腫瘍やポリープ、腸重積などが原因として考えられる。服用している薬の副作用の場合もある。

治療

まずは便の検査、腹部触診などを行う。下痢に対しては、整腸剤や下痢止めを投与。寄生虫がいる場合は、駆虫薬も投与する。細菌性であれば抗菌薬を投与していく。

また食事は、症状が改善されるまで低脂肪食などの食事療法を行う。

環境の変化や季節の変わり目によるストレスは、生活や環境が落ち着けば改善することが多い。

大腸炎を**繰り返し起こす場合には、**便のＰＣＲ検査、血液検査、レントゲン検査、超音波検査を行い、必要に応じてＣＴ検査なども行い大腸炎の**原因を究明する。**

●大腸《だいちょう》ポリープ

症状

・血便
・便に粘液が混じる
・排便が終わってもしばらく排便のポーズをとり続ける（しぶり）

原因

大腸（結腸および直腸）の粘膜にポリープができて、排便に支障が起きる疾患。腫瘍性と非腫瘍性に分類できる。腫瘍性は腺腫、癌に分けられる。非腫瘍性は炎症性ポリープ、過誤腫性ポリープなどに分類できる。

近年、ミニチュア・ダックスでよく報告されるようになったのが炎症性ポリープであり、ポリープに重度な炎症と出血が起こり、排便困難や排便痛、貧血など体にダメージを与える。

大きなポリープが1つだけできる場合や、複数のポリープが同時にできる場合など、ポリープの形や大きさ、数は様々。発症のメカニズムは詳しくわかっていないが、免疫異常が関わっていると考えられている。

7歳以上の中高年期から増えるといわれている。

治療

直腸検査、便検査などを行う。最終的に判断するには病理組織検査が必要になる。

炎症性ポリープの場合、**ステロイド剤や免疫抑制剤を投与していく**。同時に抗生剤も処方される。投与しても効果が見られない場合は、薬の種類を変更して経過を見ていく。

投薬で効果が出なかったり、ポリープが大型で排便困難になっていたり、直腸脱を起こしていたりする場合は、**直腸引き抜き術などの外科的切除**が行われる。

● 大腸癌《だいちょうがん》

症状

- 嘔吐、下痢
- 便秘、便の異常
- 食欲不振
- 元気消失

原因

大腸に悪性腫瘍ができる病気。大腸ポリープが癌になるケースも、多くはないが報告されている。

治療

血液検査、レントゲン検査、超音波検査で、他に腫瘍がないか、リンパ節の腫れはないかを調べる。その後、腫瘍が粘膜面にある時は、細い針で細胞診をするか、腫瘍から病変を少量採取して病理検査を行う。

悪性と診断されたならばCT検査を行い、腫瘍の範囲と転移の有無を調べて治療法を検討する。

悪性腫瘍の治療方法は主に3つ。抗がん剤治療、放射線治療、手術の3点となる。獣医師と話し合って、治療の方法を決めていく。

大腸癌の場合、栄養状態が悪くなっていることが多いので、食事を管理することも重要になる。

ウンチの様子
確認してね

タンパク漏出性腸症

…たんぱくろうしゅつせいちょうしょう

症状

・毛艶がない
・嘔吐、食欲不振
・軟便や下痢を繰り返す
・体重減少　・浮腫、腹水

原因

タンパクであるアルブミンとグロブリンの両方が腸管内部から多量に漏れ出し、血中のタンパク量が少なくなり、低タンパク血症となる病気。炎症性腸疾患、腸リンパ管拡張症などが原因となる。いずれも遺伝的素因に加え、食事や免疫が関係しているとされる。性別や年齢を問わず発症する。

治療

末期になるまで元気や食欲が落ちない犬も多く、下痢が止まらない、お腹が大きくなったという命に関わる状態で受診することも少なくない。慢性消化器疾患の中でも重い疾患なので、早期発見、早期治療が必要。

また、他にも低タンパク血症を起こす腎臓疾患、膵外分泌不全、アジソン病など重度の病気もあるので、しっかりとした鑑別診断が必要である。

診断は血液検査、血液化学検査、ホルモン検査、超音波検査、内視鏡検査で行う。原因によって、食事療法、免疫抑制剤や抗がん剤、利尿剤の投与など、様々な治療が行われる。原因や状態により治療が生涯続く場合もある。

腸閉塞

…ちょうへいそく

症状

・元気消失
・食欲がまったくなくなる
・下痢、嘔吐、脱水症状　・腹痛

原因

何らかの原因で腸管が塞がれ、内容物が通過しなくなった状態。おもちゃや庭石、梅干しや桃の種、湿布薬、タオルやヒモ状のものを飲み込むなど、誤飲によることが多い。重度の腸管癒着、腸管腫瘍、腸捻転、重度の腸重積なども原因となる。閉塞して閉塞部位の腸に穴が空く、壊死を起こすなどで腹膜炎を起こすと、より重症化する。

治療

超音波検査や造影を含むX線検査で診断する。閉塞が確認されたら手術可能か否かの判断を血液検査、血液化学検査、血液凝固系検査、心電図検査などで早急に行う。ほとんどの場合、当日での緊急手術で原因を取り除く。

手術後は、最低でも3日以上の入院治療が必要となる。

肛門周囲腺癌・肛門周囲腺腫

…こうもんしゅういせんがん
こうもんしゅういせんしゅ

症状

・肛門周囲に腫瘤ができる

原因

ともに**肛門周囲の皮膚に腫瘤ができる病気**。**肛門周囲腺癌は非常に珍しい悪性腫瘍**ではあるが、深部への浸潤性が強く、潰瘍化した腫瘤となりやすい。進行すると腰下リンパ節や腸骨リンパ節に転移し、肝臓、腎臓、肺などに転移することがある。腫瘤が大きくなりすぎると排便ができずに、命にかかわるため早急の対応が必要。

肛門周囲腺腫は良性の腫瘤であるため、深部への浸潤や転移を起こすことはほとんどない。しかし、腫瘤が増大すると、表面が自壊して出血しやすくなってしまう。

肛門周囲腺癌も肛門周囲腺腫も男性ホルモンが関与しているので、**未去勢のオスにかなり多い**が、避妊したメスにも発症することがある。

治療

いずれの腫瘍も生検を行い、病理診断を行う。病理検査にて肛門周囲腺癌と診断されたならば、CT検査を行い、転移の状況を調べる。

この癌はその**直径が余命に関係している**ことが知られており、明らかな転移を認めない腫瘍の直径が**5㎝未満であれば余命24ヶ月**といわれているので積極的な摘出手術を行う。

腫瘍の**直径が5㎝以上の場合は余命12ヶ月**といわれている。放射線療法を行って腫瘍の直径を小さくしてから摘出手術を行うと、余命の伸びる可能性がある。すでに遠隔転移している場合は余命7ヶ月といわれる。

肛門周囲腺腫はホルモンの影響を受けているため、小さな腫瘤の場合には去勢手術だけで消失することもある。しかし、1㎝以上の腫瘍の場合には外科手術で腫瘤を摘出し、去勢も行うことで再発を防ぐ。

肛門嚢アポクリン腺癌

……こうもんのうあぽくりんせんがん

症状

・肛門周囲が腫れる
・便秘
・便が平らになる
・多飲多尿
・食欲不振
・後ろ足の痛み
・高カルシウム血症

原因

肛門嚢内にできるアポクリン腺という汗腺の悪性腫瘍。

肛門内に発生したものは発見が遅れやすいうえに比較的進行がゆるやかなため、**発見時にはすでに腰窩リンパ節に転移していることが多い。**

進行すると転移した腰窩リンパ節の腫大による排便障害や、骨浸潤による後肢の痛みをともなうことも多い。

肛門腺を絞り出す際に、しこりや出血で気づくことも多い。またこの癌を発症している犬は高カルシウム血症もみられることが多いので、高カルシウム血症の鑑別診断から発見されることもある。

治療

視診や直腸検査で腫瘤を発見する。高カルシウム血症がある場合は二次的に神経や筋肉、胃腸、腎臓、心臓にも障害が起こる可能性があるので、その症状を抑えるための治療を行う。

ＣＴ検査を行い、どの程度腫瘍が浸潤しているかで手術適応か判断する。

治療では、**外科手術によって腫瘤とともに転移した腰窩リンパ節の減容積を行うことで**、比較的長期間生存できることがある。

手術後に放射線治療や化学療法を行うことでさらに長期間生存可能といわれるが、化学療法などをしないで遠隔転移しながらも年単位で長く生きているケースもあるので、その効果は定かではない。

いずれにしても早期発見・早期治療が重要となるため、定期的な健康診断を受けること。

会陰ヘルニア

……えいんへるにあ

症状

・肛門の周辺が膨らむ
・下痢が止まらない、便の回数が減る
・排便しようとしても出ない
・尻を痛がる
・尿が出なくなる

原因

7歳以上の未去勢のオスに多い。加齢と男性ホルモンの影響で骨盤周囲の筋肉が弱く薄くなり隙間ができ、**直腸の走行変位を起こしたり、小腸、膀胱、前立腺などの臓器、腹腔内脂肪などが骨盤腔内に入り込んでしまう。**

よく吠える、下痢をしやすい、便秘気味であるなど、腹圧の高まる要因や遺伝素因も発症に関係している。

症状

外見では肛門周囲の一部あるいは全周が膨らむ。結腸の周囲の筋肉が薄くなって支えがなくなり、真線であった結腸がS字状に変位してしまう。排便時のいきみでさらに変位が進み、結腸のS字状カーブが強くなるので、**便が素直に結腸内を通過できなくなり、排便困難となる。**

出せなかった宿便はいきみの度にさらに固く大きくなり、肛門脇が盛り上がってしまう。すると少量の軟便や水様便が続く状態になる。

また膀胱が骨盤腔内に入ると尿道が反転してしまうので、尿が溜まることに伴って尿道閉塞が起きやすくなる。

初期の段階では痛みが少ないが、相当苦しく不快な状態が続くので早めの処置が重要だ。

治療

飛び出した部分や臓器の状態を確認するため、触診や直腸検査、必要に応じて超音波、レントゲン検査を行う。**外科手術を行うケースが大半。**会陰部に飛び出した臓器を適切な位置に戻し、骨盤腔と腹腔の間に開いた孔をふさぐ手術を行う。

手術方法は何通りかあり、ヘルニアの程度や内容物によって選択していく。再発を減らすために去勢手術も行う。外科手術ができない場合は軟化剤を投薬し、指で盛り上がり部位を圧迫して排便しやすくする。

メスや去勢手術を行ったオスには発症が少ないため、若いころに去勢手術を行うことが予防になる。また、無駄吠えしないトレーニングや散歩などでストレスを溜めないことも大切だ。

誤飲・誤食

……ごいん・ごしょく

症状

・嘔吐する　・下痢をする
・よだれが増える
・食欲がなくなる
・元気がなくなる

原因

誤飲・誤食とは犬が口にしたものによって、さまざまな症状を引き起こすトラブルのこと。

口に入れたものを誤って飲み込みこんでしまうトラブルを誤飲という。おもちゃ、布、庭石、種子、スリッパ、ティッシュなどを噛んで遊んでいる時、のどの奥へ入ってしまうケースが多い。

誤食は食品や異物を食べてしまうトラブル。犬が中毒を起こす食品、果物の残り、人の薬など、身近な食べ物や散歩中の拾い食いが事故の原因に。食欲旺盛な柴犬だと、届く範囲に置いてあるものを口に入れてしまうことが多い。

誤飲・誤食したものの種類、量、大きさによるが、食道に詰まった場合は激しいヨダレ、激しい吐き気、呼吸困難などがみられ、短時間で命に関わる状態に陥ることもある。

胃内に落ちると嘔吐が主な症状となるが、その形や硬さ、成分によって胃粘膜への刺激が異なり、無症状から食欲不振、激しい嘔吐、慢性的な嘔吐、吐血などがみられる。

小腸に落ちると嘔吐よりも下痢が主症状となり食欲不振、元気消失、腹痛などもみられる。中毒物質を飲み込んだ場合には、けいれんや血便、血尿、貧血、内臓障害なども見られる。

異変が現れるまでに時間のかかることもあるため、飲み込んでいる現場を見た場合あるいは苦しがっている場合は、**時間に関係なく迷わず動物病院へ電話して指示に従おう。**

治療

夜でかかりつけ医が診療時間外の場合は、夜間救急動物病院などへ連絡する。できれば犬が口にしたものの種類や量を確認し、破片や同じ物が残っていれば持参を。検査や治療の方針を速やかに決められる。

飲み込んだものの種類や大きさ、止まっている位置を確認するため、まずはレントゲン検査。写りにくいものであれば、超音波検査やバリウム造影レントゲン検査、ＣＴ検査などを行う。主な治療は次のようになる。

①催吐処置：異物が食道や胃にあって、吐かせても危険が少ないものであれば、催吐剤を注射する。

②内視鏡：麻酔後、口から内視鏡と

鉗子を入れて異物を取り出す。

③開腹手術：催吐処置や内視鏡で取り出せないものは開腹手術を行う。異物を飲み込んでから時間が経ち、小腸に移動している場合も同様。

④胃洗浄・内科治療：中毒物質を飲み込んだ場合に行う。麻酔下で胃内を洗浄する。飲み込んである程度時間が経っていても、効果のある物質もある。洗浄後、活性炭などの吸着剤を胃に入れておくことが多い。ただし、固形の烏龍茶葉などを飲み込んだ場合は、胃洗浄を行うと茶葉からカフェインが溶け出して、より中毒性が増してしまうので胃洗浄をしてはならない。中毒症状を起こしているなら治療を行う。

予防

犬が誤飲・誤食しやすいものは、人の身近にあるものが大半。特に1歳未満の犬は好奇心から異物を口にしやすい。犬の安全を守るためにも環境整備を心がける。部屋の中の整理整頓、ゴミ箱の高さや置く場所を検討すれば、誤食事故は起こりにくい。草むらではリードを短めに持つなど、工夫をする。

誤飲・誤食しやすいもの

●異物／飲み込むもの

・飼い主のにおいのついたソックスやタオル、お菓子の味がついた子供用おもちゃ、使用後の湿布薬、食卓の肉やリンゴ、コインなどは、おいを気にして食べてしまう。
・中途半端な大きさのガムや骨を飲み込んでしまう。
・散歩中に草むらに頭を入れ一瞬で異物を飲み込んでしまう。

●毒物／中毒を起こすもの

・タマネギやニラ
ネギ類に含まれるアリルプロピルジスルフィドが赤血球を破壊して貧血を引き起こす。ネギ類そのものよりも、ハンバーグや肉じゃが、カレーなどの料理を誤食することが多い。

・コーヒーやチョコレート
コーヒーや茶葉に含まれるカフェイン、カカオに含まれるテオブロミンは、下痢や嘔吐、異常興奮、けいれん発作などの原因になる。

・人の薬
薬の種類や量によって症状は異なる。家族が飲んでいるのを見たり、落として転がったりした拍子に興味を惹かれ、飲み込んでしまうことがある。

症状

- 元気消失
- 食欲不振
- 嘔吐
- お腹を痛がる
- 黄疸

柴犬に多い病気

胆石症・胆泥症

たんせきしょう・たんでいしょう

原因

肝臓で作られた胆汁が結晶化した胆石が総胆管をふさぐことで、様々な症状が現れる。胆汁が何らかの原因で泥のようになり、胆汁の循環が悪化するのが胆泥症、さらに進行して結石になったものを胆石症という。

無症状で、レントゲンや超音波検査で偶然見つかることも多いが、進行すると全身に黄疸が生じたり、胆嚢が破裂して腹膜炎を起こす可能性もある。

原因には細菌感染が関係しているといわれており、胆嚢炎や胆管炎を併発していることが多い。

治療

胆泥症の場合は、利胆剤を投与して胆汁の分泌を促進し、流れを改善していくことや、食事管理などで消える場合もある。

胆石症の場合は、胆石が流れるか、胆嚢が破裂していないかなどを検査で確認し、治療方法を決める。利胆剤を投与し、細菌感染の可能性がある場合は抗生剤を投与する。全身黄疸が改善されない重症の場合は、外科手術で総胆管内の詰まった胆石を摘出し、同時に胆嚢を全摘出する。

予防するには、高カロリーや高脂肪の食事を控えること。また適度な運動も行い、併発の原因となるような他の病気も予防しておくことが大切である。

胆石は**胆嚢が破裂してから発見されることも多く、その場合は緊急手術を行う**必要があるが、日々犬とスキンシップをとることで発見できることも多いので、変化に気づいたら早めに動物病院で診察を受けること。

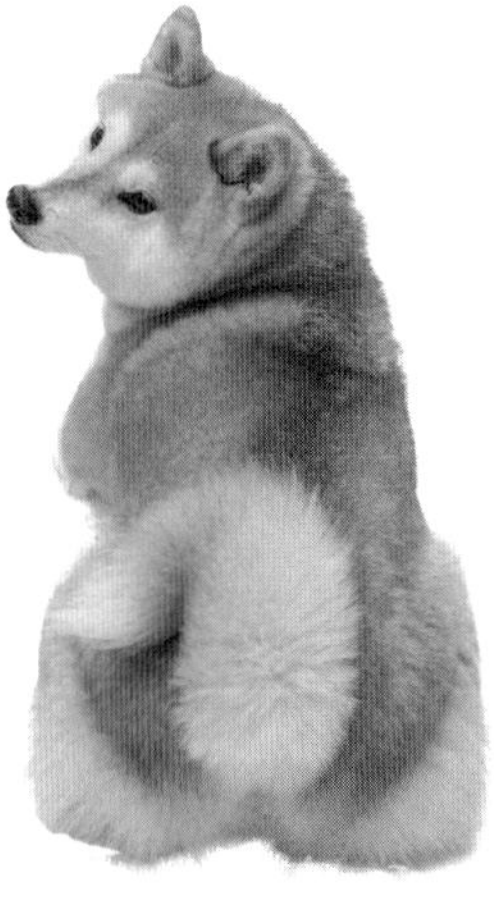

5章

泌尿器・生殖器の病気

泌尿器系の病気にかかる柴犬は少なくない。オシッコが出ないと命に関わるため、すぐに異常に気がつくようにしたい。生殖器の病気は去勢・避妊手術が予防になることもある。

腎臓のつくり

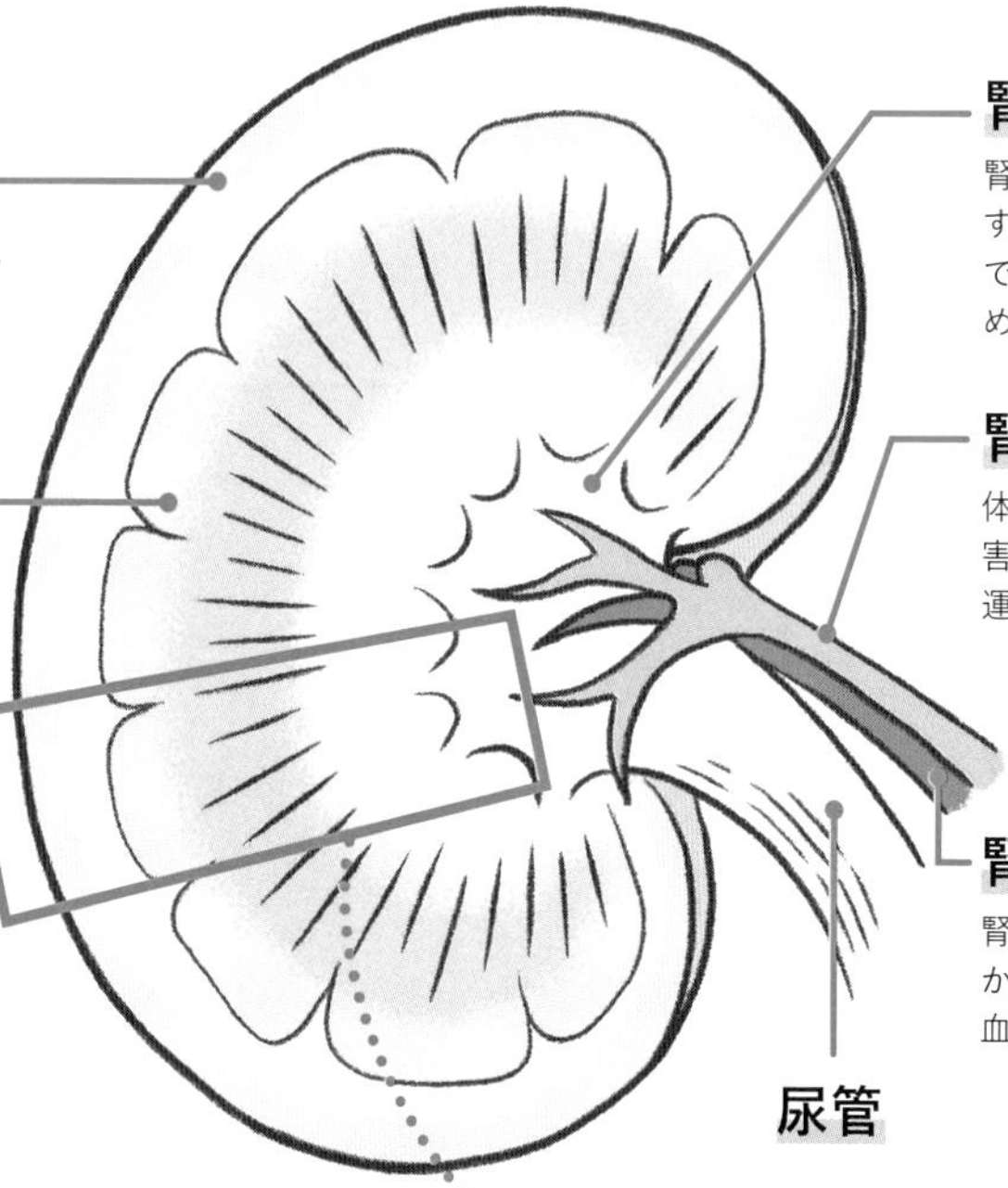
皮質
腎臓の外側の部分。
髄質
腎臓の深部で、集合管からできている。
腎盂
腎臓と尿管を接続する部分で、腎臓で作られた尿を集めて尿管に送る。
腎動脈
体内の老廃物や有害物質を腎臓に運ぶ血管。
腎静脈
腎臓で濾過されなかった血液が戻る血管。
尿管

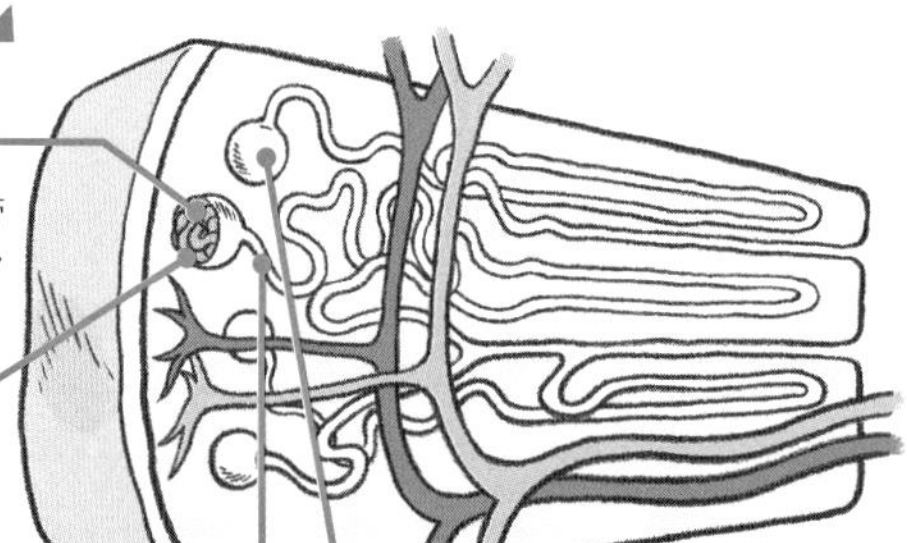
ネフロン
腎小体とそれに続く1本の尿細管のことで、腎臓の基本的な機能単位。
糸球体
小さな穴が空いた毛細血管で作られる固まり。ボウマン嚢の中にある。
ボウマン嚢
糸球体を包む袋。
尿細管
腎小体
糸球体、ボウマン嚢からなる球形。

腎臓の役割

- 血液を濾過して、老廃物を取り出して尿を作り出す。
- 体内の水分量、電解質濃度、血圧を調整する。
- ビタミンDを活性化させる。

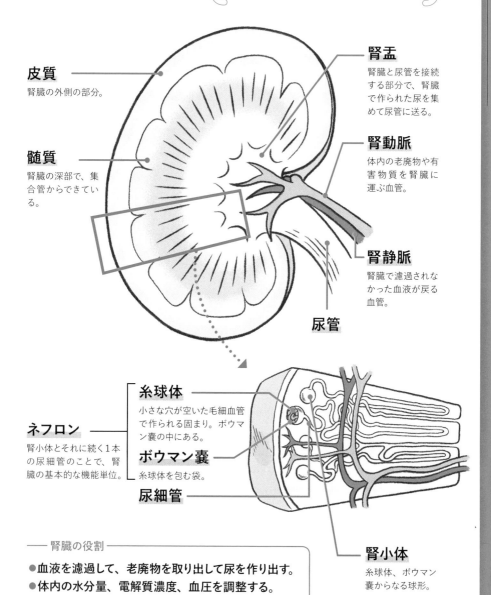

急性腎不全
…きゅうせいじんふぜん

症状
・ぐったりする　・食欲低下
・嘔吐　・意識の低下
・排尿しない

原因
腎不全とは腎臓の機能が低下した状態のこと。急性腎不全は急激に腎機能が悪化し、尿が出なくなってしまう状態。発見が遅れると命に関わる場合が多い。結石症の場合は、結石が尿路をふさいでしまって腎臓から尿を送り出せなくなり、腎臓に強く負担がかかり急性腎不全を発症する。また、誤食やブドウの摂取による中毒で急性腎不全を発症し、急死することもある。

その他には鎮痛剤など薬物の副作用として急性腎不全に陥ることも。服用は獣医師の指示を守ることが大切。

治療
原因を突き止め、必要に応じて原因を取り除きながら点滴で尿の産生を促し、腎臓の回復を図る。改善が見られなければ、利尿剤の持続微量点滴を実施する。場合によっては血液透析も有効ではあるが、すべての動物病院で実施しているわけではない。

早急に治療できれば助けられる可能性はあり、腎機能が完全に回復すれば元通りの生活を送れるようになる。

慢性腎不全
…まんせいじんふぜん

症状
・初期は無症状　・多飲
・薄い尿が多量に出る
・嘔吐　・下痢
・食べムラが出て、その後食欲不振
・体重減少　・けいれん

原因
年齢とともに発症しやすく、自覚症状がないまま進行するため、原因を特定できないことが多い。症状が現れる時には腎機能の約75％が低下していると言われている。原因には脱水、免疫異常、粗悪な食事、中毒、ウイルスや細菌の感染、尿路結石などによる尿道閉塞、腫瘍、遺伝性・先天性など。

治療
病気のタイプや症状に合わせて食事療法、血管拡張薬、吸着剤、血圧降下剤、点滴治療、造血剤など組み合わせて治療を行う。失われた腎機能は回復できないので、残っている腎臓の機能を温存したり、進行を抑制していく。また、症状の緩和ケアを行う。

7歳以上になったら定期的な健康診断を受ける。また、尿路結石などは生後6ヶ月くらいでもわかるので、尿検査だけでも定期的に受けること。

腎臓の異常

ここでは腎不全以外の、腎臓の異常として見られる病気の代表的なものを紹介する。

● 特発性腎出血《とくはつせいじんしゅっけつ》

症状

- **血尿が続く**
- **排尿時、痛がるそぶりをする**

原因

原因不明の腎臓からの出血を特発性腎出血という。腎臓からの出血には、尿路結石、糸球体腎炎、腎盂癌など様々な病気が考えられるが、検査をしてこれらの病気が原因でないとなった時に、特発性と診断される。

治療

原因となる病気がないか、超音波検査、CT検査、MRI検査などが行われる。**原因となる病気が発見されない場合は経過観察**となる場合が多いが、あまりにも貧血がひどい場合は、外科手術を行う。出血している血管が判明したら、その血管を結紮。わからない場合は腎臓摘出術を実施する。

● 水腎症《すいじんしょう》

症状

- **無症状の場合もある**　・**血尿**
- **腹部、腰部の疼痛**
- **食欲不振・発熱**

原因

何らかの原因で尿管がつまり、**尿がうまく流れなくなって、腎盂から尿管が拡張してしまう病気**。片側のみに発症すると無症状の場合もある。

両側に発症したり、二次性の細菌感染を発症すると尿毒症や嘔吐、多飲多尿、脱水、体重減少などが現れる。

尿管が詰まる原因には、腎臓や尿管の先天性奇形、尿路結石、感染症、血餅、外傷、神経障害、尿管の手術後の合併症などが考えられる。

通常は片側性だが、尿管より下部の前立腺や膀胱、尿道の疾患が原因の場合は、両側性になることも。

治療

原因となっている疾患や腎不全の有無によって治療方針が決定される。まず、レントゲン検査や超音波検査で拡張した腎盂を検出して診断をする。また、排泄性尿路造影検査によって腎臓の機能を診る。

尿路の閉塞を取り除くため、結石や腫瘤の摘出手術を行うこともある。片側性で重度の腫瘍や感染、腎臓が巨大化して他の臓器を圧迫している場合などは腎摘出をする。

● 腎嚢胞《じんのうほう》

症状

- **無症状のことが多い**

・食欲不振、嘔吐
・嚢胞が大きくなると腰やお腹に痛みが出るため、気にする様子を見せる

原因

腎嚢胞とは、その名の通り腎臓にできる嚢胞（袋）。中に液体が貯留されていて、多くの嚢胞は無害だが、**嚢胞が大型化すると尿路を圧迫するため腎機能が低下**する。また消化管を圧迫するほど大きくなると、食欲不振や嘔吐がみられる。

内容物の液体は、本来膿汁や腫瘍によるものではないが、手術ミスで細菌感染や出血を起こしてしまう可能性もある。腎嚢胞だと思っていたら悪性腫瘍という場合もあるので、**採取した液体はしっかりした検査が必要**。

嚢胞ができる原因ははっきりしていないが、多発するタイプは遺伝性と考えられている。どの年齢でも発生するが、年齢が上がると頻度は上昇する。

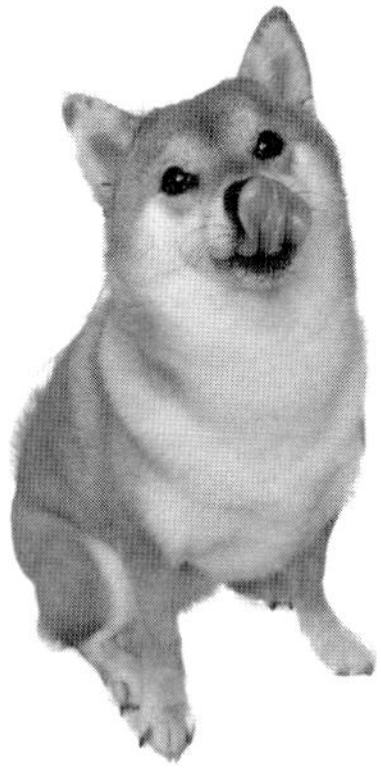

治療

小さな嚢胞は治療の必要はないが、大きな嚢胞は放置すると腎障害や腎高血圧症などに陥る可能性があるので、**定期的に貯留液を抜くか、エタノールを注入する治療を行う**。

超音波検査、CT検査、MRI検査などの画像検査で発見しやすいので、健康診断を定期的に受けるとよい。

● 腎臓癌《じんぞうがん》

症状

・元気喪失　・食欲低下
・尿中に血液が混じる
・お腹が腫れる
・大きな腫瘤がある　・多尿
・多血症

原因

腎臓にできる悪性腫瘍で、加齢や慢性的な腎臓の炎症刺激、悪性腫瘍の腎転移、原発性腎臓リンパ腫などが原因と考えられる。

治療

超音波検査やレントゲン検査、血液検査、尿検査、あるいはCT検査などを行い、腎機能の評価、腫瘍の大きさや周囲組織への浸潤度、転移病巣の有無など確認する。

また、針生検を実施して腫瘍がリンパ腫か、その他の腫瘍かを検査する。

リンパ腫と診断された場合は、**抗がん剤などの化学療法を行う**。リンパ腫以外の腫瘍であれば、**摘出手術を実施する**。定期的な検査で早期発見につなげることが大切。

膀胱炎

…ぼうこうえん

症状

・頻尿　・尿のにおいが強い
・尿の色が濃い、濁っている
・血尿が出る、排尿の終わりに血が混じる
・排尿姿勢になっても尿が出ない
・排尿時に鳴く

原因

膀胱に炎症が起こる病気で、細菌感染によって炎症が起こることが多い。オスよりも尿道の長さが短い**メスがかかりやすい**のが特徴。

また、糖尿病、クッシング症候群、前立腺炎、膀胱結石、脊髄疾患など、他の疾患が隠れている場合もある。

治療

尿検査、超音波検査、X線検査、尿の細菌培養、感受性検査などを行い、他の疾患が疑われる場合は、さらに血液検査やCT、MRI検査なども実施。

細菌感染が原因の場合は、感受性試験で得た適切な抗生剤の投与を2～3週間行う。投薬によって症状が治まっても少量の細菌が残っていることもあるので、再度尿検査を行い獣医師の指示に従うこと。

再発を繰り返すと膀胱癌の発症率が高まるというリスクが生じる。他の疾患がある場合は、その治療も同時に行われる。

膀胱癌

…ぼうこうがん

症状

・血尿　・頻尿　・尿量が少ない
・尿の色が濃い
・排尿姿勢になっても尿が出ない
・尿のにおいが強い

原因

膀胱は尿を溜める袋状の臓器。袋の内側に移行上皮という粘膜があり、**膀胱癌はこの粘膜に悪性腫瘍が発生する**。原因は解明されていない。

治療

膀胱炎や膀胱結石など他の膀胱の病気と症状が変わらないので、発見が遅れることもある。超音波検査を行った際に膀胱内のポリープや、歪もしくは肥厚した膀胱粘膜が確認されたならば、膀胱癌を疑う。尿をもちいた細胞診やBRAF遺伝子検査あるいは膀胱鏡検査などで診断する。

膀胱癌の多くは、**診断時にはすでに膀胱全域に広がっている**ため、根治のための外科的治療はあまり意味がなく、排尿困難の場合にのみ手術を行うことがある。通常は、**抗腫瘍効果のある非ステロイド性消炎鎮痛剤の継続内服で悪化を抑えていく**。

細菌性膀胱炎

…さいきんせいぼうこうえん

症状

・頻尿　・血尿
・尿の色が濃い、濁っている
・1回の尿量が少ない
・残尿感があり頻繁に排尿姿勢をとるが尿量は少ない
・排尿時に鳴く　・元気消失
・食欲低下　・陰部を舐める

原因

尿は尿道を経て外尿道口から体外に出されるが、その尿道を通じて膀胱は外界と接している。細菌性膀胱炎は、オスの包皮やメスの外陰部に付着する、糞便や下部尿路に由来する大腸菌、ブドウ球菌などの細菌が尿道から上に行き、膀胱に侵入し炎症を起こす病気。

尿道が細く長いオス犬よりも、尿道が太く短いメス犬の方が発症しやすい傾向にある。糖尿病の発症や排尿を我慢したり、神経障害や結石、腫瘍などによって排尿が妨げられると、細菌の増殖につながってしまう。

治療

尿検査、超音波検査、X線検査、尿の細菌培養や感受性検査などを行う。

とくに尿検査は重要でいくつかの採尿方法がある。犬が排尿した時に、最初に出た尿を避けて採取する。採尿した尿を獣医師に提出する時に、「いつ、どのような状況で採尿したか」を伝えることも重要となる。

また、細い管を尿道から膀胱に入れて採尿するカテーテル法は、尿採取ができなかった、あるいは尿貯留が少ない場合に行われる。超音波検査で膀胱を映しながら、お腹の上から注射針を刺して膀胱から尿を採取する方法は、排尿の細菌培養を正確に行う場合や、排尿による採取ができない場合に有効。

感受性検査により、原因菌に有効な抗生物質や抗菌剤を使用する。合併症のない場合では薬の投与を2～3週間ほど行ってから、再度尿検査を行い、できれば尿の培養検査で完治の確認をする。再発や慢性化を予防するためにも、症状が治まったからと自己判断で投薬を中止したり、通院を止めたりせずに獣医師の指示に従うこと。

排尿を長時間我慢させない、清潔な飲み水を十分に自由に摂取できる環境を作ることで予防することができる。また、急性の場合は症状がわかりやすいが、慢性の場合は明確な症状が現れないこともあるので、定期的な健康診断を受けることも忘れずに。

尿道閉塞・尿管閉塞

…にょうどうへいそく
にょうかんへいそく

症状

・元気消失、食欲不振
・嘔吐　・頻尿
・尿が出ない
・排尿時、唸り声をあげる

原因

結石や尿道栓子、血液の塊、腫瘍、炎症などにより、**尿の通り道である尿道がふさがってしまう病気。**

メスよりもオスに多くみられるが、飲み水の量が減る寒い時期に起こりやすい。尿の排泄ができないと命にかかわるため、**緊急の対応が必要。** 1日尿が出ない、出ても少ししか出ないならばすぐに動物病院を受診すること。

治療

触診、超音波検査、レントゲン検査、血液検査、尿検査、その他の検査を行い、尿管や尿道にカテーテルを入れての**閉塞解除、塞栓物の摘出手術、尿路変更手術を行う。** 結石が原因の場合は食事療法も行う。

尿路損傷

…にょうろそんしょう

症状

・元気消失
・食欲不振
・すごく痛がるそぶりを見せる

原因

交通事故や転落事故などによる腹部の強打や骨盤を含む骨折などで、**尿路が損傷してしまう。**

治療

腎臓破裂、尿管断裂、膀胱破裂、尿道断裂などを起こすことがあるため、排尿状態の異常や尿毒症の発現などを観察する。損傷部位は尿道造影で確認する。**状態によってカテーテル術などの外科的手術を行う。**

生殖器のつくり

オス

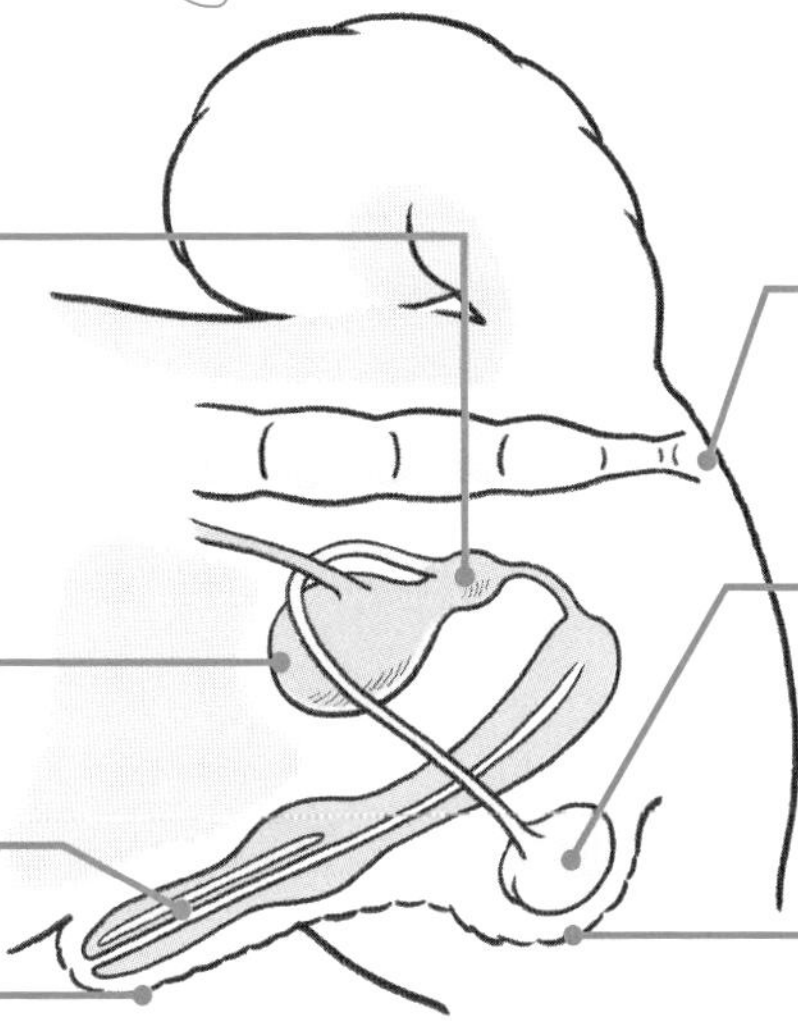

前立腺
精液に含まれる前立腺液を作る。前立腺液には精子を保護する役目がある。

膀胱

尿道

包皮

肛門

精巣
精子を作る器官で、男性ホルモンのテストステロンを分泌する。

陰嚢
陰茎の内部にある骨。

メス

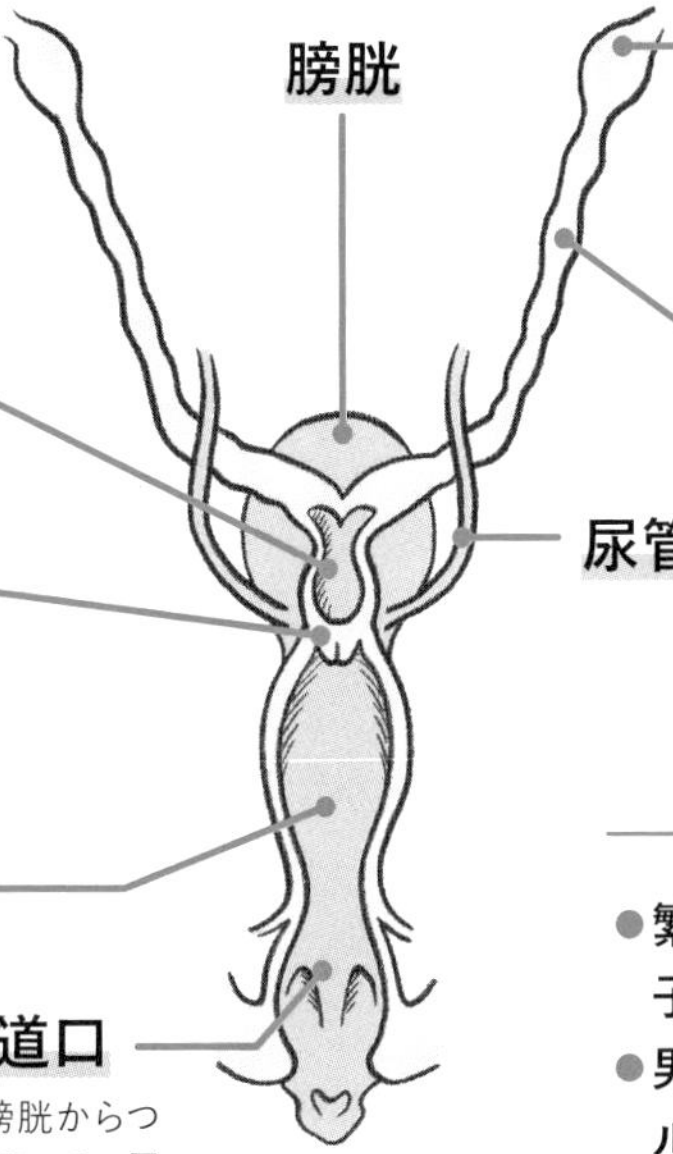

膀胱

卵巣
卵子を周期的に排卵する。女性ホルモンを分泌させる。

子宮角
卵巣につながる管で、胎児が育つ場所。

子宮体
犬の場合はほとんど機能していない。

尿管

子宮頸管
子宮の入口。発情期にはゆるむ。

膣
外陰部から子宮の入口までをつなぐ空間で、外尿道口も膣の中にある。

外尿道口
尿道・膀胱からつながっていて、尿を排泄する。

生殖器の役割

- **繁殖のための精子、卵子を作る。**
- **男性ホルモン、女性ホルモンを分泌する。**
- **胎児を育てる。**

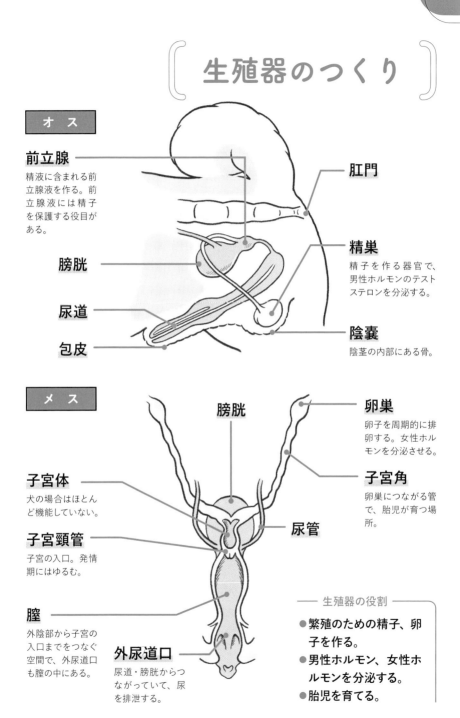

精巣腫瘍

…せいそうしゅよう

症状

・左右の精巣のサイズが違う
・後ろ足内側のつけ根に大きな固まりがある
・脱毛　・皮膚の色素沈着
・乳首が大きくなる　・貧血

原因

精巣に腫瘍ができる病気で、**中高齢の未去勢のオス犬に多く見られる**。悪性度の高いセルトリー細胞腫が多く、他にライディッヒ細胞腫、セミノーマがある。精巣が腹腔内に留まっている潜在精巣の場合は、腫瘍化する確率が高くなるとともに、腹腔内にあるため発見が遅れる。

セルトリー細胞腫はリンパ節に転移し、肝臓、肺、腎臓に転移することもあるが、**腫瘍化した精巣は女性ホルモンをとめどもなく出し続ける**。そのため、乳首が大きくなる、正常な精巣や陰茎が萎縮するなど女性化が起きる。また、再生不良性貧血を発症し、命に関わることがある。

治療

触診、血液検査、超音波検査、X線検査、病理組織検査などの検査をして、診断する。**早期に精巣腫瘍摘出手術を行えれば、ほとんどの場合命に関わることはない**が、重度の再生不良性貧血に陥っている場合には腫瘍摘出手術をしても助けられないことが多い。

潜在精巣の摘出や去勢手術で予防できるので、早めに獣医師に相談を。

卵巣腫瘍

…らんそうしゅよう

症状

・不規則な性周期　・発情の持続
・脱毛、毛並みの悪化
・食欲不振、嘔吐　・お腹が膨れる

原因

卵巣に腫瘍ができる病気で、詳しい原因はわかっていないが、**出産経験がない、または避妊していない中高齢のメス犬に多く見られる**。まれに2〜3歳の若犬に見られる場合もある。悪性の場合は腹腔内のリンパ節、肝臓、腎臓、肺、腹膜などに転移することも。

治療

血液検査、X線検査、超音波検査の他にCT検査を実施。すでに転移している場合以外の術前診断は難しいので**卵巣子宮摘出手術を行い、摘出物の病理検査で診断するのが一般的**。

悪性腫瘍と診断された場合は、転移が発見されることもあるので超音波検査などで定期的に検査を行う。

避妊手術を行っておくことで予防できるので獣医師に相談すること。

前立腺炎 …ぜんりつせんえん

症状

・元気消失、食欲不振
・発熱
・強い痛み
・血尿、濁った尿
・嘔吐、脱水

原因

前立腺はオス犬の副生殖腺で膀胱の真下にある。**尿道から侵入した細菌によって炎症を起こす**。また、前立腺が過形成を起こして、そこに細菌感染が生じると炎症を起こすこともある。

未去勢のオスや前立腺癌を発症している犬に出やすい。

治療

触診、血液検査、直腸検査、X線検査、超音波検査、尿検査、細菌培養、感受性検査などの検査を行う。尿や前立腺液の細菌培養や感受性検査の結果を元に、**適切な抗生剤の投与**を行う。また、症状や状態に合わせて**止血剤、輸液療法、抗炎症剤なども使用**する。入院が必要になる場合もある。さらに、感染が治まり安定したら去勢手術を実施する。

前立腺肥大 …ぜんりつせんひだい

症状

・初期は無症状
・血尿、血便
・排尿、排便ができない
・便秘
・粘膜便

原因

6歳を迎えた去勢していないオス犬は、**前立腺が自然に肥大して過形成を**起こし、それに嚢胞形成を伴うこともある。良性肥大だが、まれに腫瘍（悪性）の場合もある。男性ホルモンのアンドロゲンと、女性ホルモンのエストロゲンのバランスが崩れると発症しやすくなる。**9歳以上の未去勢のオス犬ほとんどに前立腺肥大が認められる**。

治療

触診、直腸検査、血液検査、X線検査、尿検査、超音波検査などを行う。**去勢手術により男性ホルモンの分泌が抑制されると前立腺の肥大は治まり、数ヶ月で元の大きさに戻る**。

高齢で去勢手術が行えない場合は内科的治療になる。ただし、症状の緩和にしかならず、投薬を中止すると再発してしまう。

前立腺癌

…ぜんりつせんがん

症状

- 元気消失、食欲不振
- 血便、血尿　・発熱
- 尿の色が濁る　・排便困難
- 何度も排泄姿勢になるが尿が出ない
- 後ろ足に破行が出る
- 骨が痛む

原因

前立腺に悪性腫瘍ができる病気。はっきりした原因は不明だが、**生後4～5ヶ月で去勢手術を受けている犬に多く発症**する。去勢手術を受けていない犬にも発生するが、若くして去勢手術を受けた犬の方が発生率が高い。

前立腺癌の発生はかなり低いが、発生すると転移率が高く、腰下リンパ節に転移し、さらに骨盤や腰椎に浸潤して強い痛みを生じる。

治療

触診、直腸検査、尿検査、血液検査、X線検査、超音波検査などを行う。前立腺の外科的切除、放射線療法なども試みられたが今のところ、**確立した治療方法がないのが実情**。かなり進行してから発見されることが多く、完治は難しい。根本治療ではなく、進行を遅らせるために非ステロイド性抗炎症剤を使用することもある。

乳腺腫瘍

…にゅうせんしゅよう

症状

- 数ミリから数センチのしこりが胸、脇の下、下腹部、内股までの乳腺組織に単一、または複数できる
- 皮膚が裂け出血や壊死を起こす

原因

はっきり原因はわかっていないが女性ホルモンなどの性ホルモン、遺伝的体質が関係していると言われている。ほとんどの場合、**避妊手術をしていない中高齢のメス犬に発生**する。良性と悪性の比率は約50％。悪性の場合は放置すると、リンパ節や肺へ転移して死に至ることがある。

治療

触診、X線検査、超音波検査、腫瘍やリンパ節に針を刺して採取した細胞を顕微鏡で観察、病理組織検査など。

内臓への転移がなければ外科的切除が最適。切除の範囲は腫瘍の大きさや範囲、形、年齢、良性or悪性などで総合的に判断する。

避妊していない場合は、将来の生殖器疾患の予防に備え、同時に避妊手術を勧める。**定期的に愛犬の体を触って早期に発見してあげることが大切**。

子宮蓄膿症
…しきゅうちくのうしょう

症状

・食欲不振　・元気消失
・多飲多尿　・嘔吐
・腹部が膨れる　・腹部の下垂
・外陰部の腫大
・外陰部から膿が出る
・外陰部を気にして舐める
・発情出血が長期間続く

原因

子宮の内側の膜が厚くなり、細菌感染を起こし子宮内に膿液が溜まってしまう病気。**出産経験がない、または繁殖を長い間休止している5～6歳以上のメス犬に多く見られる。**

プロゲステロンというホルモンが優位になり、免疫力が低下する発情休止期（発情期終了から約60日間）に細菌感染が起きやすい。大腸菌をはじめ、何種類かの原因菌が検出されている。

子宮頚が開いているか、閉じているかで開放性、閉鎖性に分かれる。開放性の場合は外陰部から膿が排出されるが、閉鎖性では膿が子宮内に溜まってしまう。子宮に穴が開いたり破れたりして、腹腔に細菌が漏れ出ると腹膜炎を起こし、短時間で死に至ることも。

治療

血液検査、X線検査、外陰部の視診、超音波検査、血液凝固系検査、細菌培養検査などにより、子宮はもちろん全身をチェックして状態を確認する。**子宮蓄膿症は死に至る可能性がある緊急疾患なので診断されたら、即入院して早めに治療を開始する。**

全身麻酔に耐えられる状態であれば子宮卵巣摘出術が行われる。手術後、急性腎不全や敗血症などの合併症が起こることもあるため、注意が必要。

また、症状が進行していて状態が悪い、あるいは高齢犬で全身麻酔や手術に耐えられないなどの場合は、内科的治療を施す。抗生剤や排膿を促す薬などを投与する。同時に輸液療法などで改善を図る。しかし、内科的治療の場合、一時的に良くなっても再発する可能性があるので要注意。

命を落とす危険性のある病気だが、避妊手術をすることで予防できる。卵巣子宮摘出術は、子宮蓄膿症の他、乳腺腫瘍の発生率を下げると言われている。避妊していない場合は、愛犬の発情時期を把握することが大切。

柴犬に多い病気

尿路結石《にょうろけっせき》

症状

- 元気消失
- 頻尿
- 血尿
- 食欲不振
- 脱水
- 嘔吐
- 尿が濁る
- 排尿姿勢になっても尿が出ない
- 排尿時、痛そうに唸る
- 少しずつしか排尿できない
- 下腹部に触ると固い物がある

原因

尿の通り道である腎臓、尿道、尿管、膀胱などに結石が溜まってしまう病気。

結石は成分によって数種類あり、ストルバイト結石、シュウ酸カルシウム結石の2つが尿路結石ではよく確認されている。

尿路がブドウ球菌などの細菌に感染すると、ストルバイト結石ができやすくなる。尿路が短く、外から細菌が侵入しやすい**メス犬に多く発症する**。尿の中にマグネシウムやカルシウムなどのミネラルが多くなると、それらを成分とした結石ができやすくなる。

肥満による運動不足や、寒い時期に水を飲む量が減ることにより尿が濃くなると、結石を作りやすくなる。また、消化に悪い食事、ストレス、肝機能の低下、遺伝的な代謝異常など、様々な原因が挙げられる。

結石に刺激されて膀胱が傷ついて痛みが出たり、尿路に結石が詰まって排尿することができなくなると短時間で急性腎不全に陥ったり、膀胱破裂などの命にかかわる事態を引き起こすこともある。

治療

尿検査、細菌検査、X線検査、エコー検査、血液検査、結石同定検査などを行い、細菌の感染、結石の有無、結石の成分、腎臓のダメージなどを調べる。

症状に応じて治療も様々だが、溶解できない大きな結石や、結石によって尿路閉塞を起こしている場合は、**外科的手術により結石を摘出する**。症状緩和のために消炎鎮痛剤などを投与する内科的治療や、結石を溶解する食事療法なども行っていく。

また、結石ができにくい予防療法食の継続、定期的な尿検査、尿路の細菌感染の制御などを行い、予防することも重要。

尿路結石が発生しやすい場所

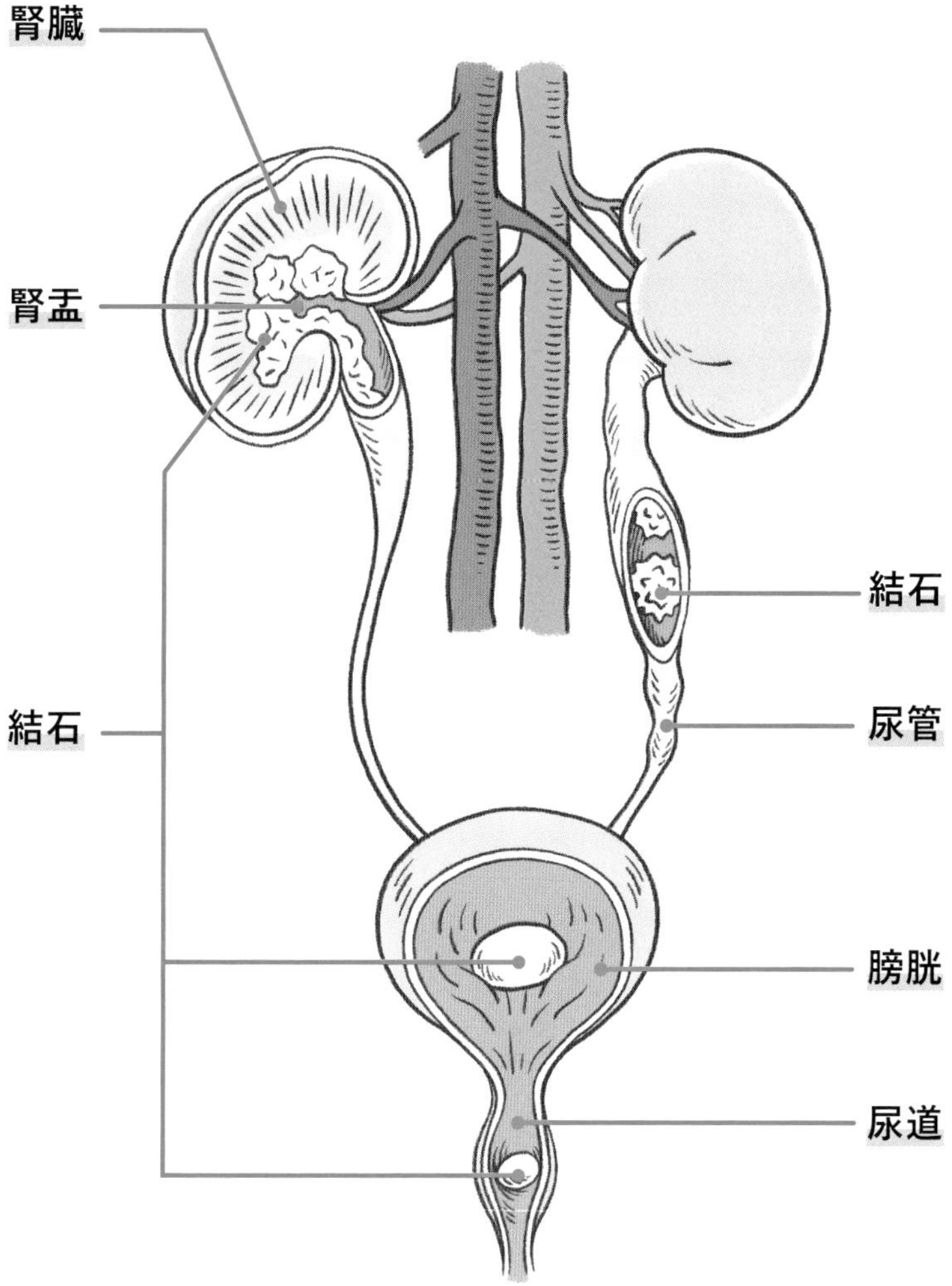

犬の尿路結石は、90%以上が膀胱と尿道で、残りが腎盂と尿管にみられる。このうち尿管結石は腎盂で、尿道結石は膀胱でできた結石が流れ込んだと考えられる。結石は、リン酸アンモニウムマグネシウム(ストラバイト)、シュウ酸カルシウム、尿酸アンモニウムなど様々なミネラル成分が結晶化して作られるもの。

読み物

正しい使用方法で安全に薬を与えよう

治療の一環として動物病院で処方された薬を家庭で投与しなければならない機会はよくあること。そんな時に慌てず、確実にできるように薬の与え方や注意点を覚えておこう。

動物病院で処方される薬には飲む薬、塗る薬、垂らす薬、洗う薬などがある。どのタイプの薬を投与する場合でも、正しい使用方法を守ることが安心安全につながる。

まず、1日に与える回数を守ること。勝手な判断で与える回数を変更したり、1度に2回分の薬を与えることはしないこと。犬の体重によって用量が決められているので分量の増減は禁物。さらに症状が良くなったからといって自己判断で服用を中止してしまうと、病気の慢性化、再発の可能性が出てしまう。獣医師の指示を守り、判断に従うことが鉄則。

●飲む薬

口から飲み込み胃や小腸で溶けて吸収される内服薬は、錠剤、粉薬、シロップ剤、カプセル剤などの種類がある。錠剤は口を開けさせて奥の方に入れる。粉薬は水に溶かして上あごの内側や歯茎の外側など、犬が舐めやすい場所につける。カプセル剤は錠剤と同様、口の奥に押し込むか、中身の粉末を出して水に溶くなどして与える。シロップ剤はスポイトや注射器で吸い取って与える。

どうしても飲まない時には無理強いはせず獣医師に相談を。日頃から口周りや口の中に触れるよう、練習しておくことが大切だ。

●塗る薬

皮膚の治療に使われることが多い塗り薬はローション、クリーム、軟膏などがある。使用する部位によって使い分けるが、主にローションやクリームは舐めやすい部位に、軟膏は舐めにくい部位に使用する。また、病状によっては塗る方向に注意が必要。皮膚糸状菌症などの感染症の場合は、患部が広がらないように内側に向かって塗ること。吸収を良くするために食事や散歩の直前に塗ると良い。

●垂らす薬

垂らす薬は目や耳、鼻に使用する点眼薬、点耳薬、点鼻薬など。いずれもピンポイントで薬を垂らすため、犬が怖がったり、嫌がったりすることは少なくない。難しい場合は、薬をたらす人、犬を固定する人の二人がかりで行うと比較的スムーズに対応できる。

6章

循環器の病気

循環器とは、血液を全身に送る役割を持つ心臓と血管のこと。ここでは柴犬でも考えられる心臓系の疾患をまとめてある。とくに心不全は柴犬に発症しやすいので注意が必要だ。

心臓のつくり

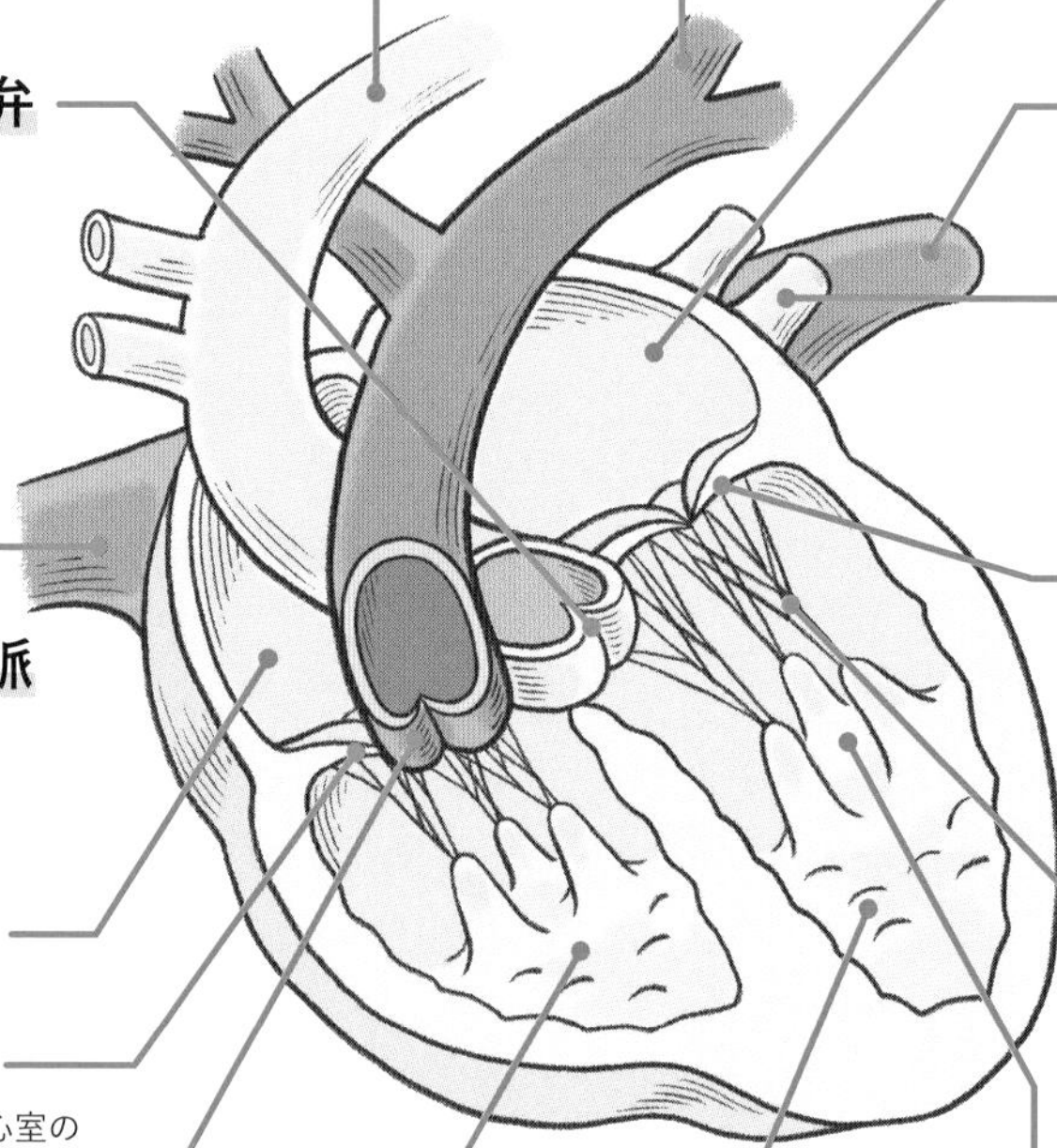

大動脈
肺動脈
左心房
大動脈弁
後大静脈
肺静脈
僧帽弁
前大静脈
右心房
腱索
三尖弁
乳頭筋
肺動脈弁
右心室
左心室

僧帽弁

左心房と左心室の間にある弁で、血液の逆流を防いでいる。

腱索

弁の先端に付いている細い腱で、乳頭筋とつながっている。

三尖弁

右心房と右心室の間にある弁。3つの弁尖から成り立っている。

乳頭筋

心室内にある筋肉の突起で、腱索とつながっている。弁が閉じる時に合わせて乳頭筋が収縮して腱索を引っ張り、弁の先端が同じ高さになるように調整している。

心臓の役割

- **心臓の筋肉が収縮・弛緩することで、血液を送るポンプの役目を果たしている。**
- **肺から送られてきたきれいな血液を全身に送り出している。**
- **汚れた血液を回収し、肺に送り出している。**

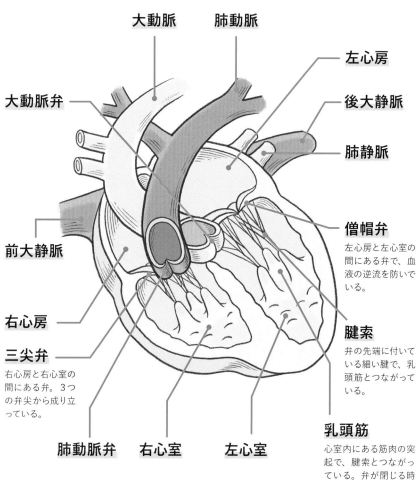

僧帽弁閉鎖不全症（MR）

……そうぼうべんへいさふぜんしょう

症状

・疲れやすい
・呼吸が速い
・咳が出る
・散歩の途中で座り込む
・痩せる
・失神する
・肺に水が溜まる（肺水腫）
・腹水、胸水

原因

心臓の左心房と左心室の間にある僧帽弁という弁がきちんと閉じなくなってしまい、全身に流されるべき血液の一部が左心房に逆流してしまうことで心臓のポンプ力が低下する。

血液が逆流する原因には、細菌などによる感染性心内膜炎や、先天性である拡張型心筋症、動脈管開存症、僧帽弁異形成、その他などがある。

また、中高齢の小型犬によく見られる僧帽弁の粘液腫様変性も原因となる。粘液腫様変性は、数年以上かけて、加齢とともに徐々に進行していく。

治療

心音の聴診で、初期には左側の胸で逆流性の心雑音が確認される。病状の進行につれ心雑音が強くなり、三尖弁閉鎖不全症（TR）を併発してくると、右側の胸でも心雑音が聞こえるように。さらに悪化すると、胸に触れるだけで心臓の拍動を感じるようになる。

聴診での心雑音だけでは肺高血圧症など重度の併発症がわからないうえ、MRの原因も正確な心臓の状態も把握することができない。身体検査、血液検査、レントゲン検査、心電図検査、心臓エコー検査などを合わせ、診断する必要がある。治療開始後も心臓エコー検査などを定期的に行う。

治療の主流は内科的治療で、強心剤を中心に、状態に応じて血圧降下剤や利尿剤などを併用し、進行を抑える。

近年では外科的手術も可能になったが、対応している施設はまだ少ない。また高齢犬に施す手術であるため、手術可能か、併発している病気がないかなどを術前に詳細に検査を行い、手術適応か否かの診断を下す。

難易度が高い手術のうえに、術後も定期的な検診が必要になるため、費用も高額になる。そういった事情を踏まえ獣医師としっかり話し合い、飼い主の心構えを決めることが重要。

心臓病において最も大切なことは早期発見である。先天性心臓疾患の多くは、子犬の時点で発見できる。家に迎え入れた直後に、まずは健康診断を受けておきたい。また、聴診してもらうだけでもよいいので、定期検診を受けておくことが大事になる。

三尖弁閉鎖不全症（TR）

…さんせんべんへいさふぜんしょう

症状

・疲れやすい、元気喪失
・食欲不振、下痢　・失神
・腹水、胸水　・頸静脈拍動

原因

心臓の右心房と右心室の間にある三尖弁が正常に閉じなくなる病気。

三尖弁そのものに粘液腫様変性や心内膜炎を起こして発症するものや、先天性心臓疾患に関連して起こる場合、拡張型心筋症、犬糸状虫が三尖弁に絡まってしまうことなども原因となる。

しかし、ほとんどのTRは、僧帽弁閉鎖不全症の進行によって、三尖弁にも負担がかかって正常に機能しなくなることが原因となっている。

僧帽弁の粘液腫様変性がある犬は、三尖弁にも粘液腫様変性を起こしていることが多い。腹水、胸水が見られる場合は肺高血圧症が潜んでいることがありTRの原因の一つとなっている。

治療

診断、治療は、僧帽弁閉鎖不全症（89ページ）の項目を参照のこと。

肺高血圧症

…はいこうけつあつしょう

症状

・疲れやすい　・咳をしている
・食欲低下、元気消失　・腹水
・呼吸音がおかしい　・失神する

原因

肺高血圧症とは、肺の細動脈の血管内皮増殖と線維化が進行性に起こっている病態で、肺動脈圧が持続的に上昇している状態。原因として、肺血流量増加、肺血管抵抗の増加、肺静脈圧の増加などに伴う高血圧症がある。

初期は無症状だが、重度になると呼吸が苦しくなったり、失神したりすることもある。QOLが著しく下がり、寿命にも影響を及ぼす。

治療

正確な診断には心臓カテーテル検査が必要だが、全身麻酔が必要になるので、臨床診断として心臓超音波検査で行われる。症状が認められた場合、まずは原因の疾患の治療を優先する。また、肺動脈内の血圧を下げるために、肺動脈拡張薬を投与する。

一部の病気の末期症状として出ることも多く、肺腫瘍や肺線維症の場合には数週間以内に亡くなることも。重度になってしまうと根本的な治療方法がないため、予後はあまりよくない。

心臓疾患、肺疾患、呼吸器疾患がある犬は、定期的に心臓超音波検査を受けて、早期発見をして早期投薬が開始できるようにしておく。

フィラリア症

…ふぃらりあしょう

症状

・興奮すると失神する
・咳をする
・痩せてきた
・血を吐いた
・血尿をした
・お腹が膨らんできた

原因

蚊によって媒介される寄生虫（線虫）の一種である**犬糸状虫（フィラリア）が、肺動脈や右心房に寄生**し、血液の流れを阻害する。

寄生した数にもよるが、生きたフィラリアが影響を与えることはもちろんだが、**フィラリアの出す毒素によって損傷した肺動脈内膜が増殖性病変になる**（内膜が増殖して血管を硬くしてしまう）ことで血液の流れを悪くして、結果として肺高血圧症を発症させる。また、右心系に負担をかけて、合併症も発症する。

治療

フィラリアへの感染が発覚した場合、**薬でフィラリアを駆虫する内科的措置**と、右心系（右心室・右心房・肺動脈）から**フィラリアを摘出する外科的措置**がある。

内科的措置は、感染初期ならば安全性が高くなるが、寄生虫の数が多かったり、肺動脈内膜の増殖性病変が多かったりすると、それを取り除くことで血管の流れに急激に変化が起きて、生体に大きなダメージを与える場合もある。また薬で死んだフィラリアの死体で血管が詰まり、危険な状態に陥ることもある。

血尿や喀血は、フィラリア成虫が血管に詰まり、血液の流れを妨げていることで起こる急性症状。外科的に手術を行って、フィラリア成虫を心臓内から摘出しなくてはならない。

フィラリア症で**一番重要なのは、予防すること**。たった1匹の蚊に刺されても感染する恐ろしい病気であるが、**定期的に予防薬を投与すれば、99％予防できる**。完全室内犬であっても、犬を飼ったら必ず予防を心がける。

なお、予防薬を投与する際、すでにフィラリアが寄生していると、ショック死する可能性がある。投与前には必ず動物病院で抗原検査を受け、抗体がないことを確認してから飲ませる。

心筋症 …しんきんしょう

症状

・疲れやすくなる
・動きたがらなくなる
・不整脈が認められる

原因

はっきりとした原因は不明。遺伝的要因も考えられるが、特定できていない。**心筋症には4つのタイプがあるが、犬ではそのほとんどが「拡張型心筋症」**である。心筋が変性することで繊維化が起こり、左心室が拡張し、収縮する力が弱くなる。病状が進行すると、肺水腫や呼吸困難、腎不全、心不全を引き起こすこともある。

治療

原因が不明なので、**効果的な治療法が存在しない**。内科的治療で心臓の収縮力を上げたり、交感神経を遮断するβブロッカーが有効と言われている。肺水腫を起こした場合は利尿薬、不整脈が多発する場合は突然死を予防するため抗不整脈薬を投与することも。

不整脈 …ふせいみゃく

症状

・疲れやすくなる
・失神、けいれん　・呼吸が速くなる

原因

本来なら一定のリズムで刻まれるべき**心臓の拍動が不規則になること**。拍動が遅くなる徐脈、速くなる頻脈があり、呼吸に合わせて速くなったり遅くなったりする状態を呼吸性不整脈という。不整脈があるからといって、すべて治療が必要というわけではない。疲れやすかったり、呼吸が乱れるといった症状が出た場合は、心臓機能に影響を与える異常が生じていることがあるので治療が必要となる。

また、不整脈単独で発症するケースよりも、心筋症や僧帽弁閉鎖不全症などの心臓病、内分泌疾患、貧血、代謝性疾患、自律神経系の病気、中毒症などが原因の場合が多い。

治療

治療が必要な場合は、**抗不整脈薬などを投与する内科的治療**を行う。他の病気から不整脈を起こしている場合は、そちらの治療も並行して行う。

心臓奇形

生まれながらの心臓疾患であるが、柴犬での発症は珍しい。「動脈管開存症（PDA）」「肺動脈狭窄症」「大動脈狭窄症」「心室中隔欠損症」「ファロー四徴症」などがある。

柴犬に多い病気

心不全

しんふぜん

症状

- 元気消失
- 呼吸が乱れる
- 疲れやすい
- 食欲不振
- 失神発作
- 体のむくみ
- 体重減少
- 興奮時、夜から朝方に咳き込む

原因

心臓は収縮を繰り返しながら全身に血液を送るポンプの役目を担っている。心不全とは心臓機能の異常により、ポンプの役目を果たせず、全身に血液を十分に送り出せない状態のことをいう。

心臓の左心系に障害がある場合は左心不全、右心系に障害がある場合は右心不全というが、両方に心不全が起こる場合が多い。

急激に心機能が低下し、命が危ない状態の急性心不全と、時間をかけて少しずつ心機能が低下し、心不全が進行していく慢性心不全がある。さらに、うっ血性の心不全に進行すると、肺や体腔に液体が溜まってしまう肺水腫、胸水、腹水などが現れることがある。

左心不全を引き起こす心疾患は、動脈管開存症、僧帽弁閉鎖不全症、心筋症など。右心不全は肺動脈狭窄症、フィラリア症などが挙げられる。

治療

聴診、血液検査、X線検査、超音波検査、心電図検査などを行う。内科的治療が多く、血管拡張剤、利尿剤、強心剤などが使用される。同時に食事療法や運動制限などで、心臓に負担がかからないように日頃から管理する。

原因となる心疾患の治療を並行して行ったり、胸水や腹水が溜まっていたら利尿剤を使う他に、直接液体を抜くこともある。

心不全の予防方法は、日頃から塩分の多い食事やオヤツを与えない程度であるが、心不全を引き起こすフィラリア症は定期的に予防薬の投与をすることで回避できる。

心臓は大事な臓器のため代償能力が高く、重症になるまで症状が出なく発見が遅れることが多い。心不全は原因となる心疾患の進行により引き起こされるが、外見からは早期発見はできない。定期的な健康診断で、早期発見をして経過観察や早期治療につなげるようにしたい。また、心音を聞ける安価な聴診器を入手し、健常なうちから時々心音を聞いて、異常がないかを確認しておくとよい。

医療の発展で進む動物の高度医療

かかりつけの獣医師では手を尽くせないほど重い傷病を愛犬が抱えた時に最後の砦となる高度な専門医療。難病に立ち向かう動物医療の内容と診療の流れをご紹介します！

愛犬が重篤な傷病を抱えている、病気の原因が特定できない、治療が困難な場合などに頼りになるのが高度な専門性、最先端の医療機器、豊富な症例数を有する二次診療に特化した高度医療動物病院だ。

高度な医療機器は人間が使用する医療機器と同等のもの。放射線治療装置、MRI、CT、動画撮影できるレントゲン装置（Cアーム）、高性能超音波診断装置、脳波検査装置、人工透析装置、内視鏡、腹腔鏡、膀胱鏡、手術用顕微鏡、陽圧手術室など、あらゆる傷病に対応できるように高度な検査機器や治療機器が完備されている。また、専門分野に特化し、豊富な知識と経験、高い技術力を持ったドクターが検査機器を操作し、診療・治療までを担ってくれるのだ。疾患に合わせて対応できる複数の手術室や一般入院室の他に、温度・湿度を適度に保ち、酸素濃度を高めるICU入院室なども完備されている。

ただし、高度な医療設備と難病に対応できる専門性に特化した治療は、一般の動物病院に比べると費用が高い。高度な検査や難度の高い手術、特殊な治療など状況に応じて治療費が膨らんでいく。高度な医療体制を維持するためには致し方ないというのが現状だ。

先進医療を提供する大学付属動物病院や民間の高度医療動物病院などが全国各地に設立されているが、それらほとんどの二次診療病院は飼い主からの直接の依頼、診察は受け付けていない。まずはかかりつけの動物病院を受診し、獣医師の指示に従うこと。そのため、飼い主さんは日頃から何でも相談できる、かかりつけの獣医師と信頼関係を築くことが何よりも大切になってくる。

二次診療病院の予約・受診の流れ

1. かかりつけの動物病院で診察を受ける。
2. 獣医師が二次診療病院に連絡をして予約を取る。
3. 獣医師から飼い主に二次診療受診の予約確定日の連絡が入る。
4. 飼い主は愛犬を連れて決定した予約日時に二次診療病院に行く。
5. 担当医による診察、検査を受ける。
6. 検査結果により今後の治療方法の説明を受ける。かかりつけの動物病院にも検査、治療結果が報告される。
7. 二次診療病院で治療が終了した後は、かかりつけの動物病院で回復管理、薬の処方などアフターケアを行なう。

7章

血液・免疫系の病気

血液やホルモン、免疫が関係する病気を集めた。一度発症してしまうと根治が難しい病気が多く、治療や薬でコントロールしながら長く付き合っていかなければいけないことも。

犬の体内でつくられるホルモンの一覧

上位（脳内）の内分泌器官	視床下部及び脳下垂体	成長ホルモン	成長を促進する
		甲状腺ホルモン	甲状腺の発育と甲状腺ホルモンの分泌を促す。
		生殖腺刺激ホルモン	生殖腺の働きを支配する。
		副腎皮質刺激ホルモン	副腎皮質の発育と副腎皮質ホルモンの分泌を促す
		バソプレッシン	尿量を減らす。
		オキシトシン	通称・幸せホルモン。母乳の分泌を促す。
下位（末梢）の内分泌器官	甲状腺	チロキシン	代謝を促す。
		トリヨードチロニン	代謝を促す。
	副甲状腺	パラトルモン	血液中のカルシウム量を増加させる。
	膵臓ランゲルハンス島	インスリン	血糖値を減少させる。
		グルカゴン	血糖値を増加させる。
	副腎	アドレナリン	血糖値を増加させる。
		ミネラルコルチロイド	体液中のナトリウムやカリウムの濃度調節に関与。
		グルココルチコイド	糖分の貯蔵・放出、抗炎症・抗アレルギー作用に関与。
	精巣	アンドロゲン	男性ホルモン。
	卵巣	エストロゲン	女性ホルモン。
		プロゲステロン	黄体ホルモン。子宮内膜を整える。

免疫介在性溶血性貧血（IMHA）

……めんえきかいざいせいようけつせいひんけつ

症状

・元気消失
・食欲減退
・ふらつき
・呼吸が速くなる
・皮膚や粘膜が蒼白になる、あるいは黄色を増す
・血尿が出る

原因

何かしらの免疫異常が起こることで自身の赤血球に抗体を産出して、**血液内の赤血球を自ら破壊する行動に出てしまう病気**。自己抗原（自分の細胞やタンパク質のこと）に対する抗原が関与している場合を特発性IMHA、薬剤や感染症など自己抗原以外の抗原に対する抗体が関与している場合を二次性IMHAと呼ぶ。

犬では特発性IMHAが多く、**中年齢でのメスの発症率が高い**。メスの発症率はオスの3～4倍ともいわれている。重篤な急性IMHAは死亡率がかなり高くICU治療が必要となる。

治療

まずは**血液検査を行い、貧血のレベルを確認**する。次に、血液塗抹検査、画像検査などを行い、IMHA診断基準に照らし合わせていく。

急性期には赤血球の破壊を抑えるため、免疫抑制量のステロイド剤を使用する。しかし、治療効果が認められない場合、あるいは重篤な症状の場合には酸素吸入を行い、高価ではあるがヒト免疫グロブリン製剤を併用する。また、他の免疫抑制剤を併用していくこともある。

あまりにも貧血が進行した場合、血液凝固異常が認められた場合には、止むを得ず輸血を行うこともある。

病状が緩解してきても、ステロイド剤などの免疫抑制剤を徐々に減らしながら、**約6ヶ月位は治療を続ける**。投薬終了後も2～4週間ごとに定期的な血液検査を行い、**再発兆候が少しでも見られたら治療を再開する**。

IMHAは発症後ほどなく死亡してしまう例もあれば、治療が長期化する例もある。再発頻度も低くはない。根気よい治療が必要になる。

免疫介在性血小板減少症（IMT）

…めんえきかいざいせいけっしょうばんげんしょうしょう

症状

・粘膜や皮膚などに出血斑（紫斑）
・鼻血　・血尿
・血便　・前眼房出血　・吐血

原因

自身の血小板に抗体を産出し、これを攻撃・破壊するようになり、**血小板数の減少と血小板機能低下を引き起こす**。血小板は止血機能を担っているので、これが破壊されると**出血が止まりにくくなる**。原因の定かでない原発性IMTと、病気や薬物によって引き起こされる二次性IMTがある。犬では原発性IMTが多い。

治療

診断は、血小板減少症を起こす他の疾患を除外して診断していく。

治療は、副腎皮質ホルモンなどの**免疫抑制剤を3～6ヶ月間投与**して、血小板の破壊を抑えていく。病状が進行すると輸血が必要な場合もある。

内科的治療で効果が現れない時は、**脾臓摘出の手術を行うこともある**。

再生不良性貧血

…さいせいふりょうせいひんけつ

症状

・疲れやすい　・発熱
・出血あるいは出血斑

原因

造血幹細胞の障害により、**骨髄および血液中の赤血球系、白血球系、血小板の細胞が減少する病気**。汎血球減少症とも言う。特発性は免疫が関与していると考えられる。

続発性は薬剤、放射線、感染症、ホルモンを原因とし、犬では女性ホルモンのエストロゲンによる中毒がよくみられる。その**ほとんどは、精巣腫瘍（セルトリー細胞腫）発症によるもの**。正常な精巣は男性ホルモンを分泌するが、腫瘍化するとエストロゲンを多量かつ継続的に分泌し始める。大量のエストロゲンは骨髄抑制を強く起こす作用があり、再生不良貧血に陥る。

パルボウイルスが原因のこともある。

治療

原因の特定が難しいことから、**対症療法を行うケースが多い**。輸血を行うこともある。特発性の場合は、アンドロゲン療法、免疫抑制療法、サイトカイン療法などで治療を行っていく。

エストロゲン中毒による再生不良性貧血の場合は、原因となる病気（主に精巣腫瘍）の治療を行う。これに加えてサイトカイン療法を行うことも。いずれも予後はあまりよくない。

多血症

……たけつしょう

症状

・鼻血、血便などの出血が起こる
・多飲多尿
・元気喪失　・失神

原因

多血症は**血液の成分の割合が通常よりも高くなる病気**。真性多血症と続発性多血症があり、真性多血症は遺伝病である。真性多血症は、赤血球、白血球、血小板、血漿といったすべての成分が高くなる場合と、赤血球だけが増加する場合がある。

続発性多血症は、赤血球だけが増加する。下痢や嘔吐などで体内の水分が減り、相対的に赤血球の割合が高くなる場合と、造血機能の障害によって赤血球が増加する場合、心臓や肺、腎臓などに発症した他の病気に起因して二次的に増加するケースがある。二次的なケースとしては、低酸素血症やホルモン異常によって赤血球の増産が促されることがある。

初期は無症状であることが多く、かなり赤血球が増加してから症状が出るようになる。赤血球が増えすぎると細部の血管に血液が届かなくなるため、失神したりぐったりするようになる。嘔吐や下痢も引き起こしたり、また眼疾患を誘発することもある。**犬では腎臓癌による多血症が多くみられる**。

多血傾向がみられたならば、他の多血症の診断の場合においても、早めのレントゲン検査と心臓及び腹部の超音波検査を受けて早期発見に務めたい。

治療

まずは血液検査をして成分濃度を調べる。X線検査、超音波検査、尿検査や画像検査、その他の検査を行う。

赤血球が増加している理由によって治療法も異なってくる。まずは元となっている病気の治療を行う。

重篤な時は点滴で血液を薄める、さらに瀉血して血液を薄める、などの処置が行われる。

治療を続けても**症状が改善されない時は、定期的に瀉血するか、原因に応じた投薬治療**を行う。

赤血球の数値は個体差があるので、1～4歳の若いうちに数回の血液検査を行い、愛犬の「正常な数値」を知っておくと、高齢になってからの異常により早く気づくことができる

副腎皮質機能亢進症

……ふくじんひしつきのうこうしんしょう

症状

・多飲多尿
・多食　・お腹が膨れる　・脱毛
・皮膚の菲薄化（貧しい状態になる）
・難治性皮膚感染症
・筋肉の萎縮
・呼吸が速く浅くなる
・神経症状が起こる

原因

クッシング症候群とも言い、こちらの方がよく使用される。

副腎皮質を支配している脳下垂体の腫瘍によって**副腎皮質刺激ホルモン（ACTH）が過剰分泌され、副腎皮質からコルチゾールなどのグルココルチコイドが過剰分泌される**ことで、様々な症状を引き起こす（PDH）。

また、副腎そのものの腫瘍によっても同様の症状を引き起こすことも（AT）。犬では80％がPDHである。

さらに、ステロイド剤の過剰投与、あるいは長期投与による医原性クッシングがある。

治療

臨床症状、血液検査、血液化学検査、超音波検査、ACTH刺激試験、低用量または高用量デキサメサゾン抑制試験、CT検査、MRI検査などの検査結果を組み合わせて診断する。

基本的には**内科的治療で症状の改善をはかっていく**。副腎から過剰に分泌するホルモンの合成を阻害する薬の投与を行うことが多い。

しかし**完治の難しい病気**である。そこで、放射線療法、下垂体腫瘍を切除する外科的治療を行なったり、副腎腫瘍の摘出手術を行う病院もある。

いずれの治療においても、定期的な検査が必要である。内服薬での一般的な治療では、投薬開始後10～14日に血液検査、血液化学検査とともにACTH刺激試験を行い、投薬量の見直しを行う。その後も定期的に検査をしながら、見直しをしていく必要がある。

また、**血栓ができて突然死する可能性がある病気**なので、飼い主にはその心づもりも必要になる。

医原性クッシングの治療法は、まずは何の病気のためにステロイドが使われていたのかを見直し、いきなりステロイド剤投与をやめないで、時間をかけて少しずつ減量。最終的にはステロイド剤を終了させる。

副腎皮質機能低下症

……ふくじんひしつきのうていかしょう

症状

・元気消失　・体重減少
・食欲減退　・嘔吐
・下痢　・多尿
・乏尿（尿量が減少すること）
・低血糖を起こす
・徐脈（脈が遅くなる）
・けいれん

原因

クッシング症候群とは逆の病気で、アジソン病とも呼ばれる。副腎皮質刺激ホルモンの分泌が減ったため副腎皮質ホルモン（グルココルチコイド、ミネラルコルチコイド）の分泌も減ってしまう病気。そのため、様々な症状が引き起こされる。

犬ではゆっくりと進行する特発性の副腎萎縮によるアジソン病が多く、副腎のすべてが徐々に萎縮していくため、ミネラルコルチコイドとグルココルチコイドの両ホルモンも徐々に不足して症状を発するようになる。なぜ特発性のアジソン病が発症するのか、はっきりとはわかっていない。

さらに、ある程度以上に副腎機能が低下しているところに何らかのストレスが加わると、突然命に関わる重篤なショック状態に陥り、緊急治療が必要となることがある。

アジソン病は1～6歳位の若いメスでの発症が多い。また、グルココルチコイドのみが不足して、慢性の消化器疾患や虚弱が主な症状となる非定型アジソン病がある。

治療

血液検査、血液化学検査、超音波検査、ＡＣＴＨ刺激試験によって診断する。

副腎皮質から分泌されるホルモンと似た性質を持つ薬を使用することで、ほとんどの犬で維持治療が可能。寿命をまっとうできる犬も多い。

生涯にわたって飲み薬でのコントロールが必要で、定期的な検査と薬の見直しも必要になる。

薬の調整がうまくいかない場合には、低用量のステロイドを併用することもある。

尿崩症 …にょうほうしょう

症状

・多飲　・多尿

原因

尿崩症は、下垂体から分泌される**アルギニンバソプレッシンの分泌障害によって多飲・多尿となる病気**である。

中枢（脳下垂体）性尿崩症と、腎性尿崩症の二つのタイプがある。

中枢（脳下垂体）性の中でも先天性尿崩症は犬では極めてまれである。下垂体腫瘍や下垂体の外傷によって発症する後天的な尿崩症が認められる。腎性尿崩症の主な原因は、種々の腎疾患によって起こる続発性尿崩症になる。

治療

糖尿病やクッシング症、各種腎臓障害アジソン、多血症、高カルシウム血症などでも多飲・多尿の症状は出るので、きちんと鑑別診断を行う。また、正確な1日当たりの飲水量を把握したあと、水制限試験という検査を行う。

中枢（脳下垂体）性は合成バソプレッシン製剤を結膜嚢内へ滴下することでコントロールでき、改善するケースが多い。腎性は腎臓の障害が原因であるため、治療は難しい。また、治療できても予後が悪いことが多い。

卵巣嚢腫 …らんそうのうしゅ

症状

- **発情周期が不規則になる**
- **1ヶ月以上の発情出血**
- **外陰部が大きい**
- **被毛が粗く、脱毛が見られる**

原因

卵巣疾患のひとつで、**卵胞や黄体が腫瘍のように大きくなり**、袋状になって**中に分泌物が詰まっている状態で、腫瘍ではない。**卵胞が排卵しないまま成長し続ける卵胞嚢腫と、卵胞壁が黄体化した黄体嚢腫があるが、犬では区別が難しいため、まとめて卵巣嚢腫とされている。**卵胞嚢腫の多くはエストロゲンを分泌するので、持続した発情兆候が見られる。**黄体嚢腫ではプロゲステロンが分泌されるので、子宮蓄膿症を伴うことがある。また、1ヶ月以上の発情兆候を示す病気としては、顆粒膜細胞腫という卵巣腫瘍があるので、鑑別は超音波検査にて行う。

治療

卵巣嚢腫は、発情出血や外陰部の腫大が1ヶ月以上続いた場合に、超音波検査や膣スメア検査、血液中ホルモン検査で発見される。あるいは、避妊手術や子宮蓄膿症の手術で開腹した時に発見される。**基本的には、外科的治療で卵巣と子宮を摘出する。**

糖尿病 …とうにょうびょう

症状

・多飲多尿　・脱水　・体重減少
・食欲増進（初期）、食欲不振
・元気消失　・白内障

原因

血糖値を下げる作用をするインスリンというホルモンの分泌不足や働きが弱くなることで、**血液中の糖が増えて高血糖になる病気**。高血糖が進行して腎臓での糖の再吸収能力を超えると尿糖が出現する。尿糖が出現しない限り、多飲多尿をはじめとする臨床症状は見られない。また、糖尿病を発症しても通常は元気で食欲は変わらない。

犬の寿命が延びていることから増加傾向にあり、発症年齢はおよそ8歳。犬の糖尿病では、免疫が関与して発症する糖尿病とインスリン抵抗性を引き起こす副腎皮質機能亢進症（クッシング症候群）や慢性膵炎などが関与して起こる続発性糖尿病がよく見られる。犬の糖尿病の**ほとんどがインスリン依存性糖尿病**であり、**インスリンを注射して血糖値を調節する治療**を行う。続発性糖尿病は、基礎疾患が治ると糖尿病が寛解されることもある。

ヒトの糖尿病Ⅰ型・Ⅱ型のような分類は当てはまらず、犬は、多飲多尿・多食・体重減少などの臨床症状と、持続する高血糖、尿糖が認められた場合に糖尿病と診断される。発情が病気を悪化させるため、発症したメスは早期に避妊手術を行う必要がある。

治療

血液検査、尿検査、超音波検査、血糖値測定などを行う。様々な病気が隠れている可能性があるので、検査を実施して除外しておく。

糖尿病の治療は**朝晩2回のインスリンの投与と食事療法**だが、合併症がある場合は並行して治療する。インスリン投与が安定しないと、入院が長引く場合もある。入院治療してインスリン治療の良い効果が確認できたら、**飼い主が自宅でインスリン注射を打てるように指導を受ける**。

その後、通院して血液検査などを定期的に行う。処方された療法食を指示通りに与えることも大事。インスリン投与により、いつもと様子が違う時にはすぐ獣医師に相談すること。

糖尿病は一度発症すると生涯付き合わなければいけないため、予防が大事になる。予防策として、定期健康診断を受ける、肥満にさせないこと、歯周病を防ぐため歯磨きを日課にする、適度な運動、メスは避妊手術を受ける、ことなどが重要になる。

症状

●脱毛や色素の沈着
●肥満　●異常に寒がる
●無気力、悲しい顔つき
●末梢神経障害、徐脈
●虚脱、低体温、昏睡　●治りにくい皮膚感染症、脂漏症

柴犬に多い病気

甲状腺機能低下症

こうじょうせんきのうていかしょう

原因

全身の代謝を促す**甲状腺ホルモンが欠乏することで、様々な症状を出す病気**。自然発症の甲状腺機能低下症は高齢の犬で多く、多くは症状からのホルモン検査で発見される。

自然発症の甲状腺機能低下症には甲状腺に病変が存在する「一次性」、下垂体や視床下部に病変のある「二次性」「三次性」に分けられるが、**犬ではほとんどが一次性になる**。一次性をさらに分類すると、原因不明の特発性甲状腺萎縮と自己免疫性とされているリンパ球性甲状腺炎、甲状腺腫瘍、まれではあるが先天性に分けられる。自然発症以外では、甲状腺摘出手術などによる医原性がある。

診断

臨床症状、血液検査、血液化学検査、甲状腺に関わるホルモンの検査、必要に応じて超音波検査などを行い、慎重に診断する。他の病気の併発や、使用中の薬物によって血液中の甲状腺ホルモン濃度が一時的に低下していることがあり（ユウサイロイドシックシンドローム）、**検査結果だけで判断して誤診すると命に関わる**。そのため臨床症状と各種検査結果を合わせ診断する必要がある。

治療

治療は**甲状腺ホルモン製剤の投与**を行う。投与量・回数はその製剤によって異なり、過剰投与は命に関わるので必ず獣医師の指示に従う。投薬を開始して1～2週間後、6～8週間後にホルモン濃度を測定し、投薬量の見直しを行う。

治療中の検査当日は投薬してから4～6時間後に血液採取を行いたいため、動物病院へ行く4時間前には薬を飲ませようにする。もし、手術などで全身麻酔をかける必要があり、絶食を指示された時も、薬だけは必ず飲ませておく。重度の甲状腺機能低下症の犬に全身麻酔をかけると、覚醒しない危険性がある。

一次性甲状腺機能低下症の多くは、**適切な継続投薬によって良好な状態が長く続く**。

8章

脳・神経系の病気

柴犬に多いと言われる認知症は脳の疾患のひとつ。加齢によることがほとんどなので予防は難しいが、病気の進行をゆるやかにして、ＱＯＬを下げないようにすることはできる。

脳のつくり

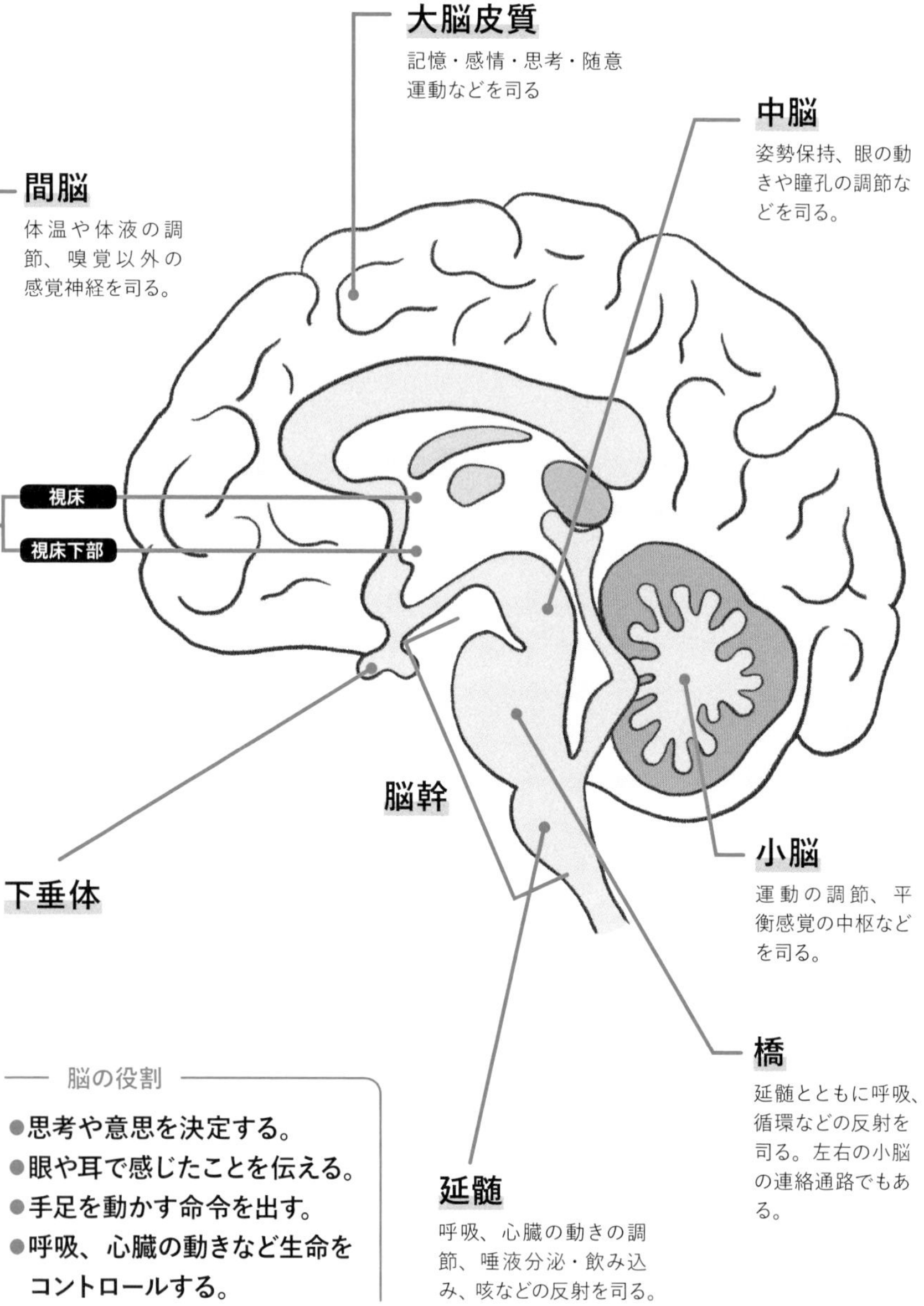
大脳皮質
記憶・感情・思考・随意運動などを司る
中脳
姿勢保持、眼の動きや瞳孔の調節などを司る。
間脳
体温や体液の調節、嗅覚以外の感覚神経を司る。
視床
視床下部
脳幹
下垂体
小脳
運動の調節、平衡感覚の中枢などを司る。
橋
延髄とともに呼吸、循環などの反射を司る。左右の小脳の連絡通路でもある。
延髄
呼吸、心臓の動きの調節、唾液分泌・飲み込み、咳などの反射を司る。

脳の役割

- 思考や意思を決定する。
- 眼や耳で感じたことを伝える。
- 手足を動かす命令を出す。
- 呼吸、心臓の動きなど生命をコントロールする。

てんかん

症状

・転倒して意識を失う
・けいれん、脱力を繰り返す
・身体の一部の筋肉が動く

原因

脳の神経細胞の異常興奮によって引き起こされる。脳の腫瘍や炎症、奇形などが引き起こすものを症候性てんかん、病変がないものを特発性てんかんという。特発性てんかんは遺伝的なものと考えられている。

発作の間隔が短くなったり、1日に複数回の発作が認められる群発発作を起こしたり、重度の発作がある時は、積極的な治療を行う必要がある。

治療

症状により治療が異なってくる。血液検査や心電図などで発作の原因を特定するが、脳波検査やＭＲＩ検査を行う必要がある。発症時の様子を動画撮影して獣医師に見せることも有効。

治療は**抗てんかん薬を服用させる方法が基本**。一度服用を始めると、一生続けなければならないケースが多い。

特発性てんかんの場合は、抗てんかん薬を効果的に投与していれば、症状をコントロールして生き続けることも可能である。

脳炎 …のうえん

症状

・意識レベルの異常　・てんかん発作
・行動および姿勢の異常

原因

その名の通り、脳に炎症を起こす病気で、原因は様々。細菌や真菌（クリプトコッカス）、ウイルス（ジステンパー）、原虫（トキソプラズマ）などの病原体から起こる他、壊死性髄膜脳炎（パグ脳炎）、壊死性白質脳炎、肉芽腫性髄膜脳脊髄炎などがある。

発症の原因によって障害される部位が異なってくるが、意識混濁、てんかん発作、歩様および姿勢の異常など共通する症状も多い。**肉芽腫性髄膜脳脊髄炎は柴犬も好発犬種**である。

治療

症状によって治療方法が異なる。病原の診断では、ＭＲＩ検査で脳内の炎症が起きている部位を特定する。同時に脳脊髄液を採取し、成分検査を行いジステンパー抗体などを調べるなど、必要と思われる検査を行う。

原因が特定できたら、それぞれに**効果の期待できる薬物を投与して治療を始める**。てんかん発作が見られる時は、抗てんかん薬も併用する。

他の病気同様、早期発見、早期治療によって予後は大きく異なる。

水頭症 ……すいとうしょう

症状

・あまり動かなくなる
・行動異常などの意識障害
・不全麻痺などの運動障害
・同じ犬種と比べて頭が大きい

原因

脳室内に脳脊髄液が多量に貯まってしまうことで脳室が拡張して、脳組織が圧迫されてしまう。それにより様々な障害を引き起こす。

　脳形成不全や萎縮などによって発症する他、腫瘍などによる流路の圧迫、髄膜炎などの炎症でも発症する。

　先天性の場合は、頭頂部の泉門と言われる部分の骨が薄く、触ると穴が開いているように感じられる。

　初期症状ははっきりしない場合が多いが、意思疎通がうまくいかなくなったり、歩行障害が現れたりしてくるなど、水頭症の特徴的な症状が次第に現れてくる。

治療

　MRI検査で脳室の状態を確認した上で、脳圧を下げる治療や、**脳脊髄液の生成を抑える内科的治療を行う。**

　それでも症状が改善しない時は、脳室内の脳脊髄液を腹腔などシャントを利用して流して減圧する方法もある。

脳腫瘍 ……のうしゅよう

症状

・足のふらつき
・回転運動や徘徊行動
・けいれん発作
・行動異常、頻回の誤食
・失明

原因

脳にできる腫瘍の総称。原発性によるものと、転移などの続発性によるものがある。原発性に関しては、**多くの場合は老齢による発症**である。

　初期は症状が出ないことも多いが、次第に足がふらついたり、徘徊行動を始めるなどの異常が見られるように。重度の症状としては意識の低下、痙攣発作、視覚や聴覚の消失などがある。

治療

　MRI検査で診断を行い、**摘出可能な位置や形であれば、外科的治療で腫瘍を切除**することもある。放射線治療を併用することもある。

　切除できない場合は、内科的治療による対症療法となる。重度の症状が出た時は、抗てんかん薬や脳圧低下剤等を服用させる。

犬の体の神経

脳と脊髄を中枢神経といい、多数の神経細胞が集まってひとかたまりになっている。神経は体の隅々まで行き渡っていて、これらを末梢神経という。

神経系腫瘍……しんけいけいしゅよう

症状

・腫瘤（こぶ）ができる　・強い痛みを感じている
・足のふらつき

原因

神経系腫瘍として発症例が少なくないのが、末梢神経鞘の腫瘍。シュワン細胞が腫瘍化するのでシュワン細胞腫とも言われる。軟部組織肉腫の代表的な腫瘍である。

壮年から高齢の犬で発症しやすい。皮膚や皮下、脊髄神経根、脳神経などに発症する。首や脊髄で発症した場合は、椎間板ヘルニアと症状が似ている。

治療

確定診断のためには切開生検、ＭＲＩ検査などが必要。足の末梢神経などで発症した場合は、外科的に切除して完治を目指す。脊髄などで発症している場合は、完全に切除することは難しいこともある。内科的治療にあまり効果がないため、完治が難しくても痛みなどの症状を軽減するために外科的治療を行うこともある。

転移の可能性は低い悪性腫瘍だが、局所浸潤しやすいので、治療を行っても予後不良のケースが多い。

変形性脊椎症

…へんけいせいせきついしょう

症状

・腰や背中の痛み
・軽度の歩行障害

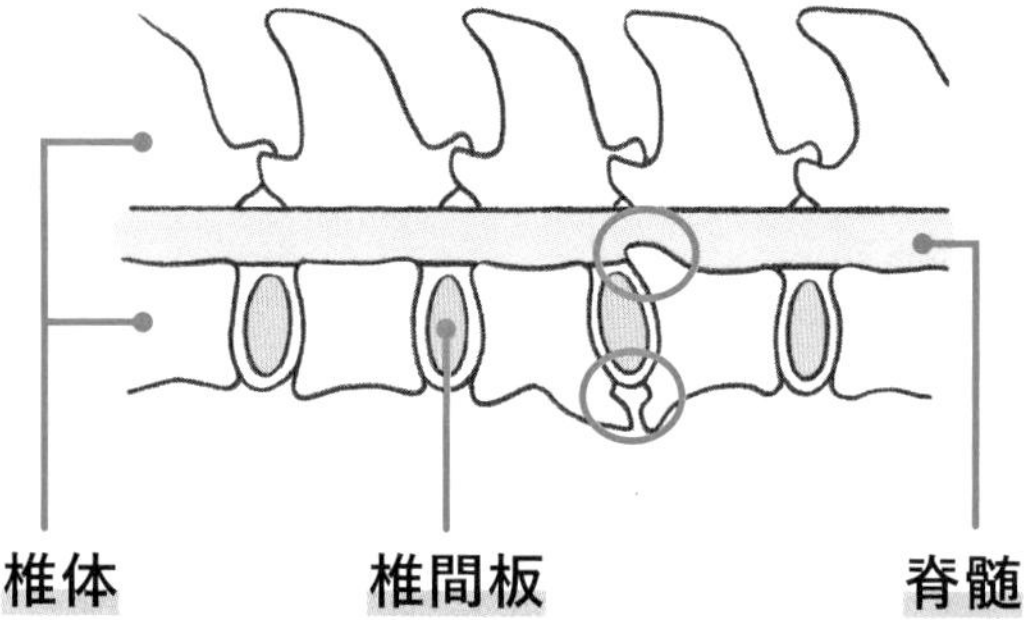
椎体
椎間板
脊髄

椎体が変性して骨が尖ってしまい、脊髄を圧迫して痛みを出す。ほとんど症状が出ない。

原因

椎間板ヘルニアは椎間板物質が脊髄神経を圧迫して痛みを生じさせるが、変形性脊椎症は**椎体が変性して骨増殖が起こり骨棘が形成されることで、時に脊髄神経を圧迫する**ことのある病気。椎間板ヘルニアよりも発症例は多いが、ほとんどが症状を出さないために、別の病気でレントゲン撮影した時に偶発的に発見される。

高齢の犬ほど発症の可能性が高くなる。それまでの姿勢や運動、外傷、栄養素などが影響して、脊椎骨を変性させると思われる。

ほとんどの場合は無症状なので、発症していることがわからないままであるケースが多い。しかし腰や背中を痛がるようであれば治療が必要となる。

発生部位によっては、歩行障害や排便、排尿障害を引き起こすこともある。椎間板脊椎炎とレントゲン検査の所見が似ているので、誤診しないように注意が必要である。

治療

神経学的検査やレントゲン検査を行って病変部を確認し、その後は**鎮痛剤で痛みの軽減を図る**。同時に安静を保ち、運動制限や体重の管理などが必要なこともある。

若齢で発症した場合や、痛みが強く生活に支障が出てきた時は、外科的治療を行うこともあるがまれである。

無症状の
ことが多いって

脊髄軟化症
…せきずいなんかしょう

症状
・移動する背中の痛み　・四肢の麻痺
・元気消失　・呼吸困難

原因
この病気の発症で最も多いのは、**重度の椎間板ヘルニアや重度の脊髄障害を発症した後などに、脊髄が壊死していくケース**。具体的にはグレード5の椎間板ヘルニアを発症し、術後1週間ほどの間に発症することが多い。その確率は10％ほどである。また、交通事故や骨折など、脊髄への強い衝撃で引き起こされることもある。

発症の原因ははっきりしていない。

症状は後足の麻痺から徐々に上半身へと麻痺が広がっていき、最後は呼吸困難に陥って、ほとんどの場合は**1週間～10日ほどで死に至る**。

治療
脊髄軟化症を発症したら、有効な治療法はない。予防もできない病気なので、手の打ちようがない病気である。

最終的には呼吸困難で亡くなるので、その苦しみを避けるための**選択肢として安楽死が挙げられる**。

脊髄梗塞
…せきずいこうそく

症状
・突然の後肢のふらつきや麻痺
・排尿障害

原因
脊髄の血管に繊維軟骨が詰まってしまう病気。そのために急性の脊髄障害が引き起こされる。

血管が詰まっている場所やその範囲によって障害の程度は異なる。軽度の場合はふらつきや姿勢の異常程度だが、重度になると四肢が完全に麻痺してしまうこともある。また、それに伴って失禁してしまうなどの排尿障害が起きることもある。

この病気は脊髄の痛みを伴うことはなく、また**症状が進行・悪化することもない**。

治療
有効な治療方法はなく、手術も行えない。椎間板ヘルニアなどとの鑑別のために、また脊髄梗塞か否かを確定するためにはＭＲＩ検査を行い、他の病気の可能性がないことを確認する。

多くの場合は自然に回復するが、重度の場合は後遺症が残ることもあり、その回復のためのリハビリテーションが必要となる。

椎間板ヘルニアは時間とともに徐々に悪化していくのに対して、脊髄梗塞は突然完全麻痺してしまうのが特徴。

柴犬に多い病気

認知症

にんちしょう

症状

●徘徊　●食欲過多　●昼夜逆転
●夜鳴き・遠吠え　●トイレの失敗
●右旋回または左旋回を繰り返す
●狭い場所に入り身動きがとれない
●飼い主の呼びかけに反応しない
●単調な声で鳴き続ける

原因

愛犬が年齢を重ねるうちに、白髪が増え、寝ていることが多くなり、活発に行動しないなど、見た目や行動の変化は老化現象の現れだと見過ごされやすいが、日常生活の様々な場面で支障をきたすことがある。

これは犬の認知機能不全とも呼ばれる犬の認知症で、個体差により症状や行動の変化はそれぞれだが、11~12歳を過ぎた頃から発症すると言われている。犬の寿命が延びて高齢化が進むのと同時に、犬の認知症も増加している中、とくに柴犬は認知症になりやすいというデータもある。

認知症は老化、脳梗塞、脳出血、栄養障害、また、人のアルツハイマー病や認知症の患者と同じ病理学的変化などによって、脳神経細胞や自律神経が健全に機能しなくなることで起こると言われている。緩やかに症状が現れるが、生活環境の変化、病気の発症や回復後、また、突然の騒音などがきっかけとなり、急激に悪化することもある。

認知症は早期発見がその後の生活改善につながるため、日頃から愛犬の微妙な変化を見落とさないようにしたい。気になることがあれば、早めに獣医師に相談すること。

治療

認知症チェックのガイドラインやチェックリストで症状を確認する。

ただし、有効な治療薬は今のところ存在しない。対処療法として、徘徊や夜間の遠吠えが酷い時には鎮静剤を投与することがある。

可能ならDHAやEPAなどのオメガ3脂肪酸を豊富に含んだ犬の認知症用のサプリメントや漢方薬、療法食を、いずれも7~8歳ころから与えることで有効性が期待できる。これらは健康な脳のために必要な刺激や栄養を供給できるので、認知症の発症を抑える可能性、あるいは症状を緩和するのに有効的。

筋肉の衰えや寝たきりを防ぐために散歩や適度な運動をすることは認知症の進行予防につながる。同時に五感を刺激することで脳の活性化も促進する。滑りにくい床材、家具の角や狭い隙間を保護するなど安心して過ごせるよう室内環境を整えることも大事。スキンシップや声がけなども忘れずに。

認知症の根本治療法はないので予防法として、若い頃から青魚中心の食事を与え、十分な運動をさせることで発症を抑えたり、症状を軽くすることができるのではないかといわれている。

よく見られる認知症の症状チェックリスト

●睡眠サイクルの変化

□昼間よく寝て、夜に寝ない

□夜鳴きをする

●社会的交流の変化

□飼い主に対して甘える行動が減る

□飼い主の呼びかけに反応しなくなる

□食事の要求を繰り返す

●不適切な排泄、トレーニングされた行動の変化

□トイレの場所を間違える、わからなくなる

□おもらしする

□今までできていたオスワリなどができなくなる

●活動性の変化

□抑揚のない、単調な声で鳴き続ける

□寝てばかりいて活動しない

□散歩や遊びなどに無気力になる

□ウロウロと無目的に歩き回る

□同じ方向に円を描くように回り続ける

□空中や物体を凝視する

□食欲が極端に増える、もしくは減る

●見当識障害（時間や方角、目的がわからなくなる）

□家の近所でも迷った風を見せる

□部屋の出入り口を間違える

□物を避けられずにぶつかる

□壁の前でぼんやり立ち尽くす

□狭いところに潜り込んで出られなくなる

□こぼしたオヤツやフードを見つけられない

通常は１～２つの症状から始まり、徐々に悪化してくる。しかし、病後や術後、騒音などのきっかけで一気に症状が進むこともある。

症状

- 嘔吐
- 首を斜めにして頭が傾く
- 目が小刻みに一定方向に揺れる
- 一方向にグルグル旋回する
- つまづく、よろめく
- 元気消失
- 食欲不振

柴犬に多い病気

前庭障害

ぜんていしょうがい

原因

平衡感覚を司る「前庭」に何らかの負荷が生じ、眼振と斜頸という神経症状が現れる病気。性別に関係なく高齢犬に多く見られる。

前庭は三半規管と内耳神経がある抹消前庭と、橋や延髄、小脳片葉がある中枢前庭に分けられる。末梢前庭障害の原因は内耳炎、中耳炎、耳の中の腫瘍、甲状腺機能低下症など。中枢前庭障害の原因は、脳腫瘍、脳炎、脳梗塞、外傷や出血などだが、はっきりした原因がわからないものを特発性前庭障害という。

いずれの前庭障害も突然発症し、嘔吐してドタンバタンと異様な動きをするので、慌てて動物病院に駆け込む飼い主も多い。

起こっていることはいわゆる「めまい」なので、**まずは落ち着いて目を見ること**。目が縦、または横にリズムを持って動いていたら「めまい」だ。次に、動物病院に電話をして指示を仰ごう。状況によって犬もパニックになって噛みつくこともあるので、不用意に顔などを近づけないこと。

飼い主は冷静に対応することが重要。高齢の柴犬は、前庭障害を起こしやすいという知識を持っているだけでも焦りにくいはず。

治療

耳鏡検査、歩行検査、神経学的検査、血液検査、CT検査、MRI検査などを行い、**前庭疾患の原因を究明していく**。

原因がはっきりした場合には、原因治療を施す。はっきりしない場合は症状に応じた対症療法を施していく。多くは発症後数日で改善して、数週間後には良好な状態に回復するので経過観察を続ける。改善せず悪化する場合は精密検査を受ける必要がある。**若い犬の場合は様子を見ずに早急に精密検査を行う**。

回復の程度は、脳の状態と視力の有無で変わる。脳に大きな問題なく視力のある場合は、眼からの情報を脳が処理できるので普通に生活できるようになるが、視力がないと平衡感覚が取れないため、歩けないことが多い。

9章

骨・関節の病気

先天的に骨や関節に異常がある場合と、激しい運動や事故で異常が出てくる場合がある。歩き方がいつもと違っていたり、いつもよりも動かなくなっていたら異常を疑おう。

詳しくは10-11ページを参照のこと。

骨のつくり

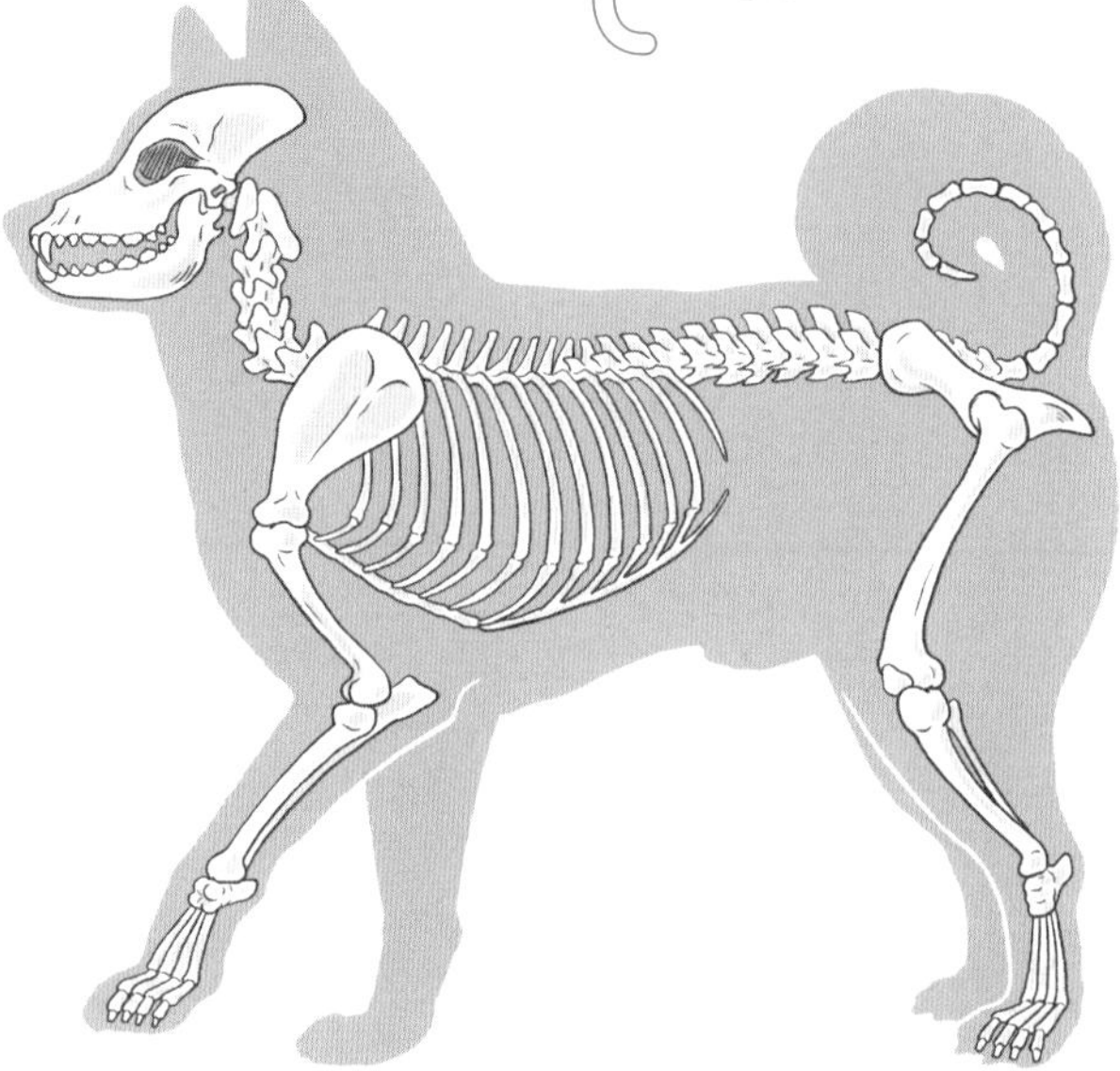

骨折 …こっせつ

症状

・足を引きずっている　・足が腫れている
・片足をいつも上げている
・体を触ると嫌がる、唸る

原因

高所からの落下、無理な飛び降り、足をひねる、何かに挟む、または交通事故などによって骨が折れること。

治療

骨折が疑われたら、なるべく動かさないようにして早急に動物病院に。原因や全身状態、年齢、持病などを考慮して治療方法を決定する。

全身麻酔をかけられない場合などは、安定するまでギプスや添え木などで固定する。

手術可能なら、部位や折れ方で手術法を選択する。基本はプレート法を行うが、創外固定法やピンニング法などもあり、単独あるいは複数の方法を合わせて行う場合も。複雑骨折は2～3回に分けて手術を行うこともある。場所によっては完治後に再度手術してプレートを外す。

関節炎……かんせつえん

症状

・元気消失、食欲低下　・立ち上がる時に時間がかかる
・足を引きずる　・足を上げたまま地に着けない
・階段の上り下りをためらう　・歩行時に頭を上下に動かす
・歩行時に腰が左右に大きく揺れる　・急に歩くのを止める
・まっすぐ座らない

原因

関節の骨は、クッションの役目を果たす軟骨と潤滑油の働きをしてくれる関節液に守られている。長期間あるいは一瞬に強く関節軟骨に刺激が加わることで**軟骨が変形。関節の構造が壊れてしまい、一時的、多くは生涯にわたり痛みを発生する。**

関節の疾患には、股異形成（股関節形成不全症）、感染性関節炎、特発性多発性関節炎、膝蓋骨脱臼、前十字靭帯断裂、変形性関節症、関節リウマチ、顎関節炎などがある。肥満、運動不足、加齢、外傷、遺伝的要因、免疫異常、ホルモン異常、発育期の栄養不良などが原因になるといわれている。

これらの中で柴犬に多いのは、**走り回ることが好きな犬、肥満で運動不足さらにクッシング症候群に罹患している犬に起こる、前十字靭帯断裂に伴う関節炎である。**

治療

触診、レントゲン検査、血液検査、歩様検査、関節液検査、CT検査などを行い、症状に合わせて内科的治療を行う。また、症状に応じた日数の安静を指示されることもあるため、適正体重をキープできるように低カロリーのバランスの良い食事が大事になる。

安静期が終わると、関節を支える筋肉を強化するために、体に負担が少ない運動から段階を踏んで行う。病態によっては手術が必要になる。

消炎鎮痛剤は、症状と血液検査で副作用の有無をみながら、継続・変更・終了と調整していく。不明なことがあったら獣医師に気軽に相談すること。

関節炎は**少しずつ進行する場合と、急速に進行する場合がある。いずれにしても早期発見・早期治療が大切。**いつもと違うと感じたら、**歩く姿の動画をいろいろな角度から撮影し、獣医師に相談**するとよい。

また子犬の時から歩き方・走り方の動画を撮影し、健康診断時に評価してもらうと早期発見の可能性が高まる。

免疫介在性関節炎

…めんえきかいざいせいかんせつえん

症状

・発熱
・元気消失、食欲不振
・足をかばって歩く、歩きたがらない
・立ち上がり、歩き出しに時間がかかる
・関節が腫れている

原因

多発性関節炎もそのひとつである。免疫の異常により、自分で自分の関節を攻撃して起こる自己免疫疾患。

発症原因ははっきりわかっていないが、完治には数ヶ月から半年を必要とし、痛みを伴いながら少しずつ進行していく。

治療

触診、血液検査、X線検査、犬リウマチ因子、関節液検査などを行う。ステロイド剤など免疫抑制剤などを投与していく。症状が改善しても、投薬の継続が必要となることもある。早期発見し、関節の状態が重症化する前に、少しでも早く治療を開始することが重要になる。

骨腫瘍

…こつしゅよう

症状

・足の痛み、破行が見られる
・背中が痛そうなそぶりを見せる
・口を開けると痛そうなそぶりを見せる
・顔面が変形する

原因

その名の通り、骨に腫瘍ができる病気。骨腫瘍として多いものに、骨肉腫や滑膜腫がある。他に多発性骨髄腫、扁平上皮癌、前立腺癌や肛門嚢アポクリン腺癌の骨転移などが挙げられる。

治療

触診、血液検査、X線検査、生検、病理組織検査、CT検査などを行っていく。四肢に発症した場合は外科的手術により断脚、顎や肋骨などに発症した場合も切除する。

術後、放射線療法や化学療法を行う。痛みの緩和のために、鎮痛剤なども使用する。

柴犬に多い病気

前十字靭帯断裂

ぜんじゅうじじんたいだんれつ

症状

- 跛行
- 足を上げたまま地に着けない
- 後ろ足が硬直する
- 膝関節の腫れ、痛みがある
- 歩行時にクリック音がする
- 後ろ足を曲げずに横座りする

原因

膝関節内にある十字靭帯は、大腿骨と脛骨を繋ぐバンドの役目を果たしている。前十字靭帯と後十字靭帯が存在し、前十字靭帯は脛骨の前方への動きを制限する働きがある。この前十字靭帯を断裂すると、体重をかけた際に脛骨が正常な位置から前方へずれてしまうので体を支えられなくなる。同時に、強い痛みが出て、足を上げた状態が続く。また、膝関節内にある半月板も損傷した場合には、より激しい痛みに襲われる。

若い犬にはほとんど見られず、中齢から高齢で発症する。靭帯の強度が加齢などで少しずつ低下しているところに、足の踏み外しなどの外力が加わることが原因とされている。

柴犬にも該当するが、膝蓋骨脱臼する犬はかなり発症しやすい。部分断裂を経て数ヶ月以内に完全断裂が起こると予測され、急激な運動や肥満によって断裂しやすくなる。

完全断裂したのにそのまま放置して、二次的に変形性関節症を発症してしまうと、手術は適応外となることがある。

治療

触診では、「脛骨前方引き出し試験」という検査を行い、大腿骨が脛骨に対して前方にずれる様子を診る。

レントゲン検査では、脛骨が前方に移動する様子や関節内に水が溜まっている様子を確認する。基本的には外科手術での治療となるが、手術日までの間と手術後しばらくは消炎鎮痛剤を投与して炎症を軽減しながら同時に安静を保つようにする。肥満の場合は手術後にダイエットも行う。外科手術による治療法は主に2つ。切れた靭帯の代わりに人工靭帯で関節を補強する関節外法、膝の骨を切って膝関節内のずれた骨の角度調節を行い、プレートで固定するTPLO法がある。

前十字靭帯断裂を完全に予防することは難しい。しかし、適度な運動と体重管理をすることで、リスク要因をかなり減らせる。

柴犬に多い病気

股関節脱臼

こかんせつだっきゅう

原因

股関節は大腿骨と骨盤をつなぐ関節で、その関節から大腿骨がずれたり、完全に外れてしまった状態を股関節脱臼という。犬種や体の大きさに関係なく起こる。

飛び降りたり、ジャンプしたり、何かにぶつかったり、交通事故など外部から強い力がかかり衝撃によって起こる外傷性の脱臼が最も一般的になる。

しかし、股関節形成不全や甲状腺機能低下症、クッシング症候群など筋力の低下を引き起こす病気が潜んでいる場合は、外からの強い衝撃がなくても簡単に脱臼が起きてしまうこともある。

また、靭帯がゆるくなっていたり、股関節周辺の筋肉がやせていると関節が不安定になり、小さな衝撃でも脱臼を起こしやすくなる。

脱臼直後は炎症のため痛みがあるので、足を引きずったり、片足を上げたまま歩いたりする。脱臼したまま数日以上経過すると元に戻しにくくなるうえに、元に戻しても再発する可能性が高い。そのため、早期発見、早期治療が重要となる。

治療

触診、歩行検査、X線検査、CT検査などを行う。他に脱臼を起こしやすい病気や異常を探るために、血液検査なども必要であれば実施する。

外れてしまった関節を再び、元の位置に戻さない限り脱臼は治らない。麻酔をかけて獣医師の手で大腿骨を股関節に戻し、2～3週間の絶対安静を行う。

関節がはまりにくかったり、再発した場合は手術による治療が考慮される。関節包再建術、円靭帯再建術、大腿骨頭切除術、股関節全置換術などの治療法がある。

体重が軽く運動量の少ない犬では、関節が外れたまま普通に歩いたり、日常生活を送ることができるケースも時折あるが、何らかのきっかけで激痛を生じることもある。

股関節脱臼になる機会を減らすために日常の中でできる予防方法はいくつかある。散歩

症 状

- 足を地面に着けない
- 足を引きずる
- 体に触れると嫌がる
- 激しい痛みがある
- 元気消失
- 歩かない
- まれに無症状の場合もある

中のリードコントロール、興奮させない、高いところから飛び降りさせない、ジャンプさせないなど、大きな衝撃につながる行動はなるべく回避すること。

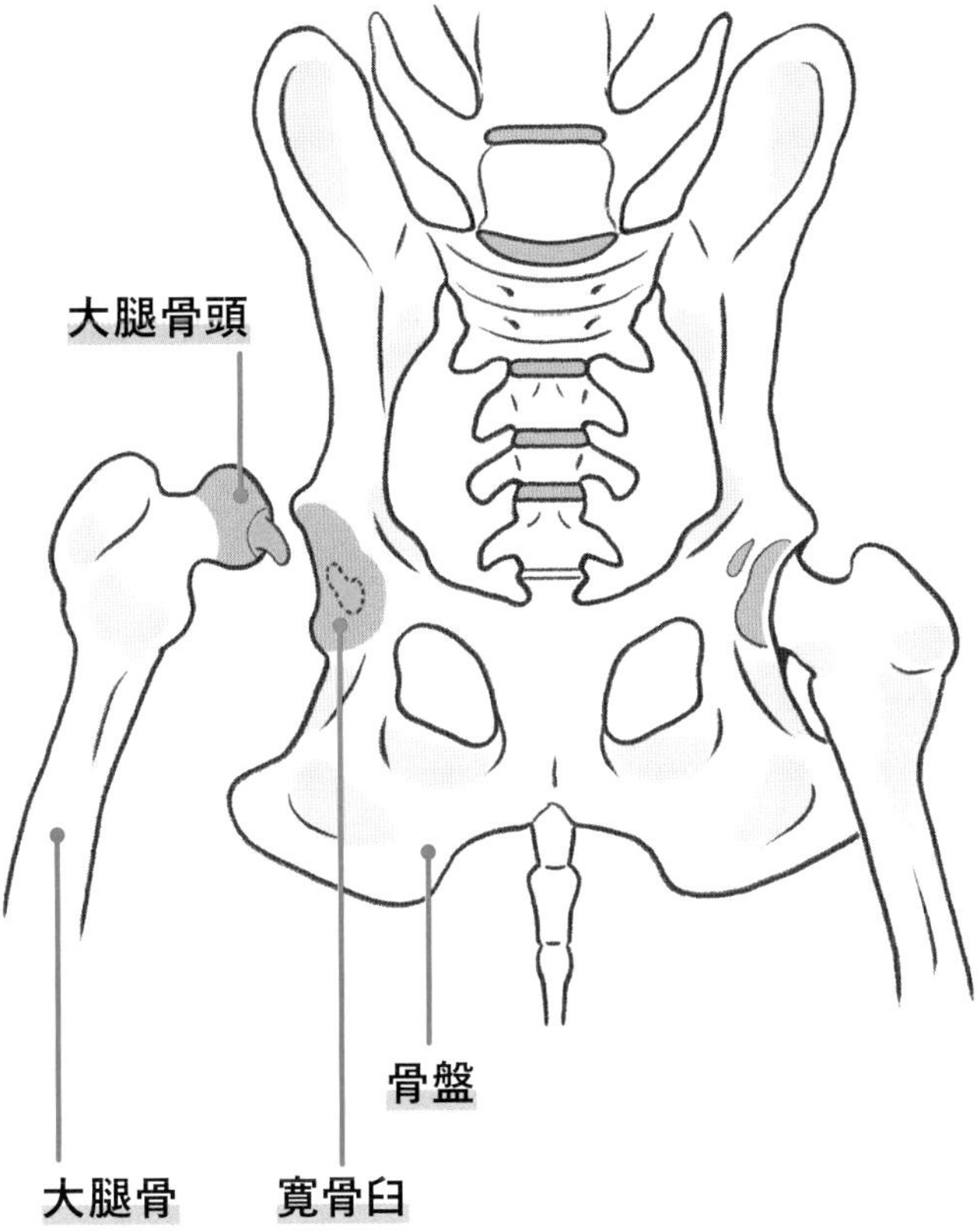

何らかの衝撃により、骨盤（寛骨臼）から大腿骨が外れてしまった状態に。ひどくなると、イラストのように、寛骨臼と大腿骨頭をつなぐ靭帯が切れてしまうこともある。

柴犬に多い病気

膝蓋骨脱臼

しつがいこつだっきゅう

原因

膝蓋骨とは膝のお皿の部分の骨で、通常は大腿骨にある滑車溝という溝にはまっているが、その溝から膝蓋骨が外れた状態を膝蓋骨脱臼という。

膝蓋骨が内側に外れると内方脱臼、外側に外れると外方脱臼となり、犬では内方脱臼の方が多く見られ、メス犬の発症率が高い。

生まれつき膝蓋骨周辺の筋肉や骨の形成、靭帯に異常があり、子犬の頃から発症していたり、発育に伴って発症する先天性の場合と、高いところから飛び降りたり、ジャンプしたり、激しく転倒したり、落下や交通事故などで関節の可動域を超えた動きをしたことによって起こる後天性の場合がある。

グレード2までは症状が軽く、見過ごしやすい。気付かないうちに小さな脱臼を繰り返していると、靭帯や軟骨、骨などに損傷が起きて、深刻な状態につながることもあるので、日頃から愛犬の様子を観察して、いつもと様子が違う時には迷わず、動物病院を受診することが大切だ。

治療

歩行検査、触診、X線検査、CT検査などを行い、症状の重症度によって治療法を確定する。

グレード1では生活の質を落とさずに、成長期の犬においては運動をよく行って症状を悪化させないことに重点を置く。

グレード2では、可能であれば手術を行うが、鎮痛剤の投与やサプリメント、サポーターを装着するのも有効的。また、住環境整備の改善や、肥満にならないよう適性体重の管理なども重要となる。

グレード3以上は、歩行異常や成長期に症状の程度が進行する前に手術を行う方がよいとされる。レントゲンやCT検査などを見極めて手術方法を決定する。手術後に筋肉量を増やしたり、正常な歩き方ができるようにトレーニングしたり、筋肉を動かしやすくするためのマッサージなどリハビリを行うと回復も早く、生活の質の向上につながる。

症状

脱臼の程度によって症状が違い、グレード1～4に分別される。

●グレード1

・膝蓋骨は滑車溝に収まっているが、手で押すと脱臼する。手を離すと正常位に戻る。

・ほぼ無症状。

●グレード2

・後ろ足を曲げた時に脱臼する。後ろ足を曲げ伸ばししたり、手で押すと元に戻る。

・時々「キャン」と鳴いたり、片足を上げたり、スキップして歩く。

・歩いている最中に後ろ足を後方に蹴る。

●グレード3

・つねに脱臼した状態で、手で押すと一時的に滑車溝に戻る。

・時々足を上げている

●グレード4

・つねに脱臼した状態で、手で押しても戻らない。

・腰を落として歩く。

・後ろ足を曲げたまま、うずくまる。

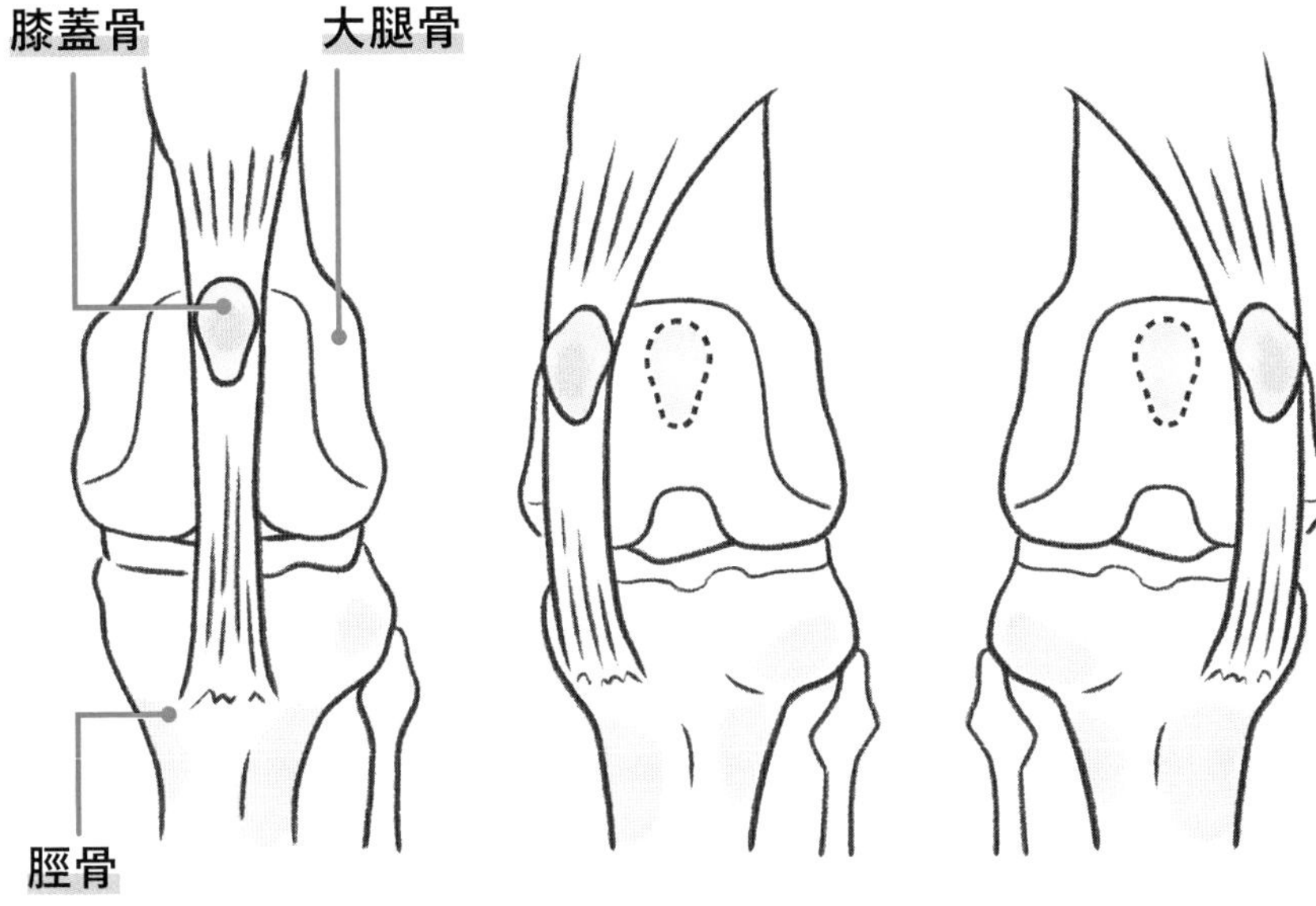

【正常な膝蓋骨】
大腿骨の真ん中に膝蓋骨がある。

【内方脱臼】
膝蓋骨が足の内側にずれる。小型犬ではこちらの方が多い。

【外方脱臼】
膝蓋骨が足の外側にずれる。大型犬で見られる。

柴犬に多い病気

股異形成

（股関節形成不全）

こいけいせい（こかんせつけいせいふぜん）

原因

大型犬に多い病気だが、柴犬にも見られる病気である。股関節は、骨盤側の寛骨臼と、大腿骨側の大腿骨頭によって形成されたしっかりとしたきれいな球状関節と、靭帯や関節包で簡単に外れない作りになっている。

しかし、股異形成では**成長とともに球状関節にゆるみが生じ、さらに寛骨臼と大腿骨頭の変形も進むと、やがて脱臼しやすいほどにゆるみが出る。そのゆるみが原因で関節炎を起こし、慢性的な痛みや歩様障害**となる。

股異形成は遺伝的疾患であるが、遺伝的要因に加えて過剰栄養や過度の運動などの環境要因、さらにはホルモン異常などが加わり発症、悪化するのではないかと言われている。ただし、はっきりとは解明されてはいない。**生後4ヶ月から1歳頃までに発症する場合が多い**。若い頃は痛みを伴っているものの、不安定な歩き方や動き方に留まっていて、飼い主が見逃しやすい。不安定な関節を放置しておくと完全脱臼を起こしたり、骨棘ができて関節がスムーズに動かなくなってしまう。

股異形成が悪化して変形性股関節症を発症すると、さらに痛みが強くなるため、足を引きずったり、歩行困難になったり、様々な症状が現れてくる。

治療

歩様検査、触診によるOrtolani's sign、レントゲン検査、CT検査などが行われる。

若い犬で将来、股異形成発症の可能性を推測する特殊な検査法として「PennHIP法」という検査もあるが、特殊な器具を使うため限られた施設でしか行えない。

治療方法には、保存治療と外科手術治療がある。保存治療では、痛みを軽減するNSAIDsなどの非ステロイド系消炎鎮痛剤と、関節用サプリメントの継続投与。また減量して関節にかかる負担を軽減するダイエットの推奨など、対処療法が行われる。

同時に、運動不足を避けるためにも適度な運動は継続して行い、痛みが強い時には安静に過ごす。

症状

- 体の前方は筋肉質で、後方は痩せている逆三角形の体型をしている
- 腰を左右に振りながら歩く、歩幅が短くなる
- うさぎのように、走る時に左右の後ろ足を同時に蹴り出す
- 散歩中に立ち止まる、座り込む
- 破行、股関節を押すと痛がる　●立ち上がりにくい

外科手術の治療としては、不安定な股関節を改善するために、三点骨盤骨切り術や転子間骨切り術という外科手術がある。ただし、これは変形性関節症を発症する前に有効な治療となる。変形性股関節症を発症してしまった例では、大腿骨を削る大腿骨頭切除術や、人工関節を入れる手術方法がある。

症状を少しでも緩和するためには、肥満にさせないことが大事。日頃から食事管理・運動管理を徹底することが大切だ。

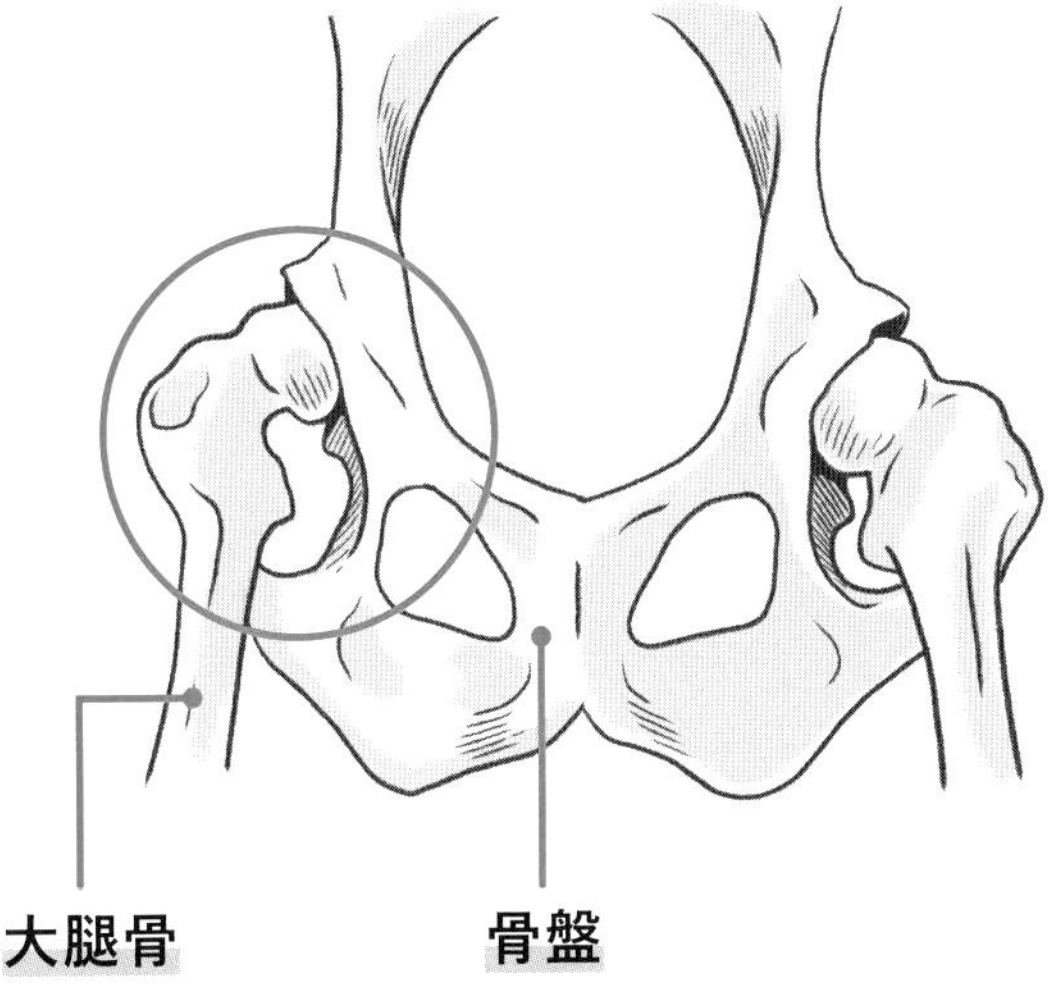

骨盤と大腿骨のジョイントがゆるいため、脱臼しやすくなる。またゆるみが元で関節炎を起こし、形が変形することもある。

病気の早期発見、早期治療に役立つ健康診断を定期的に受けよう！

「ドッグ・ドック」と呼ばれる犬の総合的な健康診断は愛犬の健康状態を把握することができるため、昨今ますます広まりつつある。検査項目は動物病院によって様々だが、主な項目は一般身体検査、血液検査、尿検査、糞便検査、レントゲン検査、超音波検査など。

健康診断は病気の早期発見、早期治療、予防につながり、愛犬の健康をサポートしてくれるため、定期的に検査することが大切だ。

健康診断はいつでも受けることができるが、忘れずに受けられるように、フィラリアの予防薬を処方する前の血液検査と同時に健康診断を行なえば、年に1度、定期的に検査を受けることになり安心だ。さらに病気の増える7歳以降になったら、年に2回（半年に1回）、10歳を過ぎたら年4回（季節ごと）の健康診断が理想である。

「ドッグ・ドック」にはコースプランが用意されている場合もあるので、かかりつけの獣医師と相談して、愛犬の年齢や状態、予算などに合ったプランを検討するといいだろう。

もちろんドッグ・ドックに限らず、気になることがあれば、その都度、それぞれの検査を受けることも忘れずに。

■身体検査（触診・聴診・視診）

関節やリンパ節が腫れていないか、目や耳、皮膚、口の中などに異常がないか、心音に異常がないかなど、直接見て、触って、聞いて診断する。

■血液検査

血液検査は赤血球や白血球を調べる「血液検査」、臓器の機能を調べる「血液化学検査」、フィラリアなど寄生虫の有無を調べる「寄生虫検査」、内分泌濃度を調べる「血中ホルモン検査」などに大別される。

これらの検査により、腎不全、糖尿病、クッシング症候群、甲状腺機能低下症、貧血、脱水、膵炎、アレルギーなど様々な病気を発見したり、原因を突き止めたり、体の状態を知ることができる。

血液検査結果表には目安となる「正常値」が明記されている。検査結果の数値が正常値

きめ細かく愛犬の健康をサポートできるとして犬のための健康診断「ドッグ・ドック」が注目されている。どんな検査をして、どんなことがわかるのかを解説。

の範囲より高い・低いにより、病気の発見や症状の原因を突き止めることにつながる。

正常値の範囲に収まっていない項目などは獣医師と相談をして、治療を開始するだけではなく、日頃の健康管理のために役立てるといい。また、定期的に検査を行って記録しておけば、愛犬の健康状態や体の傾向を把握することができるようになるため、日常生活の中で予防・改善などがしやすくなる。

■尿検査

腎臓で血液からろ過された後の老廃物は、水分と一緒に排泄される。その尿の中に何が残っているかを調べるのが尿検査で、他の検査に比べて犬が怖い思いをせずに比較的簡単にできる。腎臓や尿路、肝臓や胆道系の異常の検知の他、腫瘍細胞の検出などもでき、臓器の機能具合を把握することができる。

採取した尿を持参することもできるし、難しい場合は動物病院で採取も可能。

■糞便検査

寄生虫の有無、消化管の炎症や異常、細菌のバランス、消化不良の有無、細胞成分などを調べる。検査にあたって糞便を持参する場合は、指の第一関節くらいの量を採取したら、乾燥させないようにビニール袋などに入れて持参すること。

■レントゲン検査

ごく微量の放射線を照射して全身の状態を調べる検査。臓器の大きさや形の異常、肝臓・脾臓などの臓器の陰影の異常、胸や肺に水が溜まっていないか、骨や関節の異常、結石の有無など、多岐にわたって調べることができる。検査時間は非常に短い。最適な位置で撮影を行なえるよう、検査内容によっては鎮静薬や麻酔を使用することもある。安全性の高い薬を正しく使えば、犬への負担はほとんどなく行える。

⬅次ページへ

病気の早期発見、
早期治療に役立つ健康診断を
定期的に受けよう！

■超音波検査

心臓や腹腔内の臓器などに人が聞くことができない高周波の音波をあてて、跳ね返ってきた音を画像に表し、リアルタイムで臓器の様子を確認する検査。様々な臓器の内部の状態、血管の状態、腫瘤の有無、心機能に異常がないかなどを調べることができる。最近では、関節疾患や筋肉疾患の診断にも利用されている。麻酔不要で痛みもない検査なので、体に負担もなく安心して受けられるが、密な被毛の部位では毛刈りが必要となる。

■検査結果

ドッグ・ドックの検査結果から、今は健康な状態でも今後かかる可能性が高い疾患なども予想することができる。その場合は病気の予防策や注意点など、獣医師のアドバイスを受けると安心だ。

今後の病気の早期発見、早期治療、健康管理など、トータルで生活の質の向上に役立てることができるドッグ・ドック。定期的な受診は大きなメリットになる。

尿検査の種類

●尿スティック検査

スティック状の試験紙に採取した尿をつける。尿のpH値、尿糖、血尿、ビリルビン、蛋白、ケトンなどの値を調べる。

●尿比重検査

採取した尿を遠心機にかけ、分離した液体部分を尿比重計で測定する。数値が正常値より下回れば腎臓疾患などが疑われる。

●尿沈渣検査

遠心機で分離した後、尿に含まれた沈殿物を顕微鏡で調べる。赤血球や白血球の数、細菌、結晶、尿円柱などの有無など病気がある場合は沈殿物が増える。

糞便検査の種類

●浮遊法

試験管に入れた便を薬液で溶かし15分ほど放置すると虫や卵が浮き上がってくる。回虫や鉤虫などの寄生虫の卵やコクシジウムなどの原虫の有無を顕微鏡で調べる。

●直接法

採取した便をスライドガラスに直接乗せて顕微鏡で見る。浮遊法で確認できたものに加えて、ジアルジアや細菌なども確認することができる。

●PCR検査（遺伝子検査）

外部の検査機関に依頼する。院内検査で検出しにくい下痢の原因を検出してくれる。新しく迎え入れた子犬や、軟便や下痢を繰り返す犬にはぜひ受けてもらいたい検査である。

10章

皮膚・耳の病気

耳に多い疾患（外耳炎など）は皮膚の病気と密接な関係があるため、同じ章にまとめた。アレルギーをはじめ、柴犬には皮膚疾患が少なくない。日常的のケアを大切にしたい。

皮膚のつくり

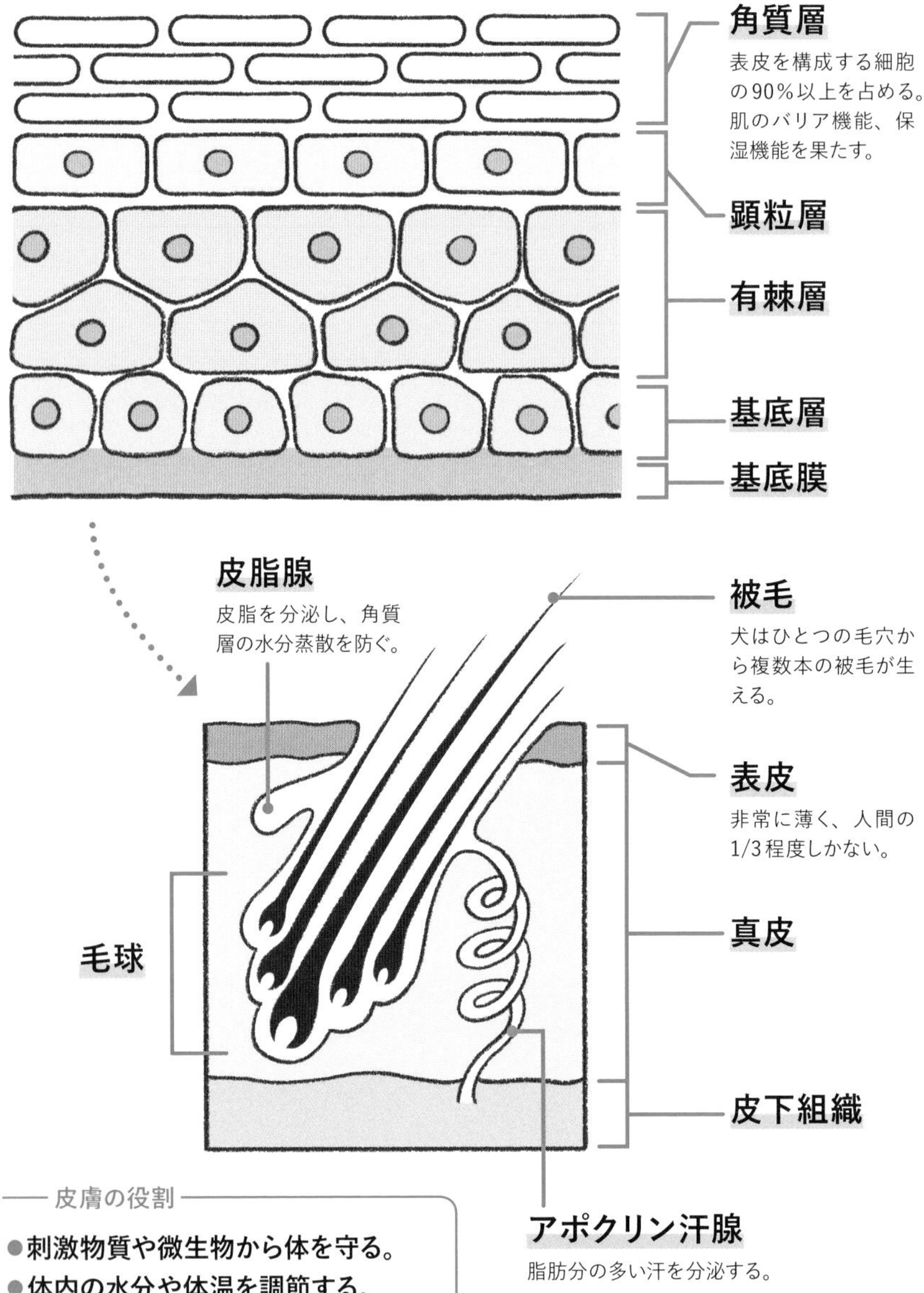

角質層
表皮を構成する細胞の90％以上を占める。肌のバリア機能、保湿機能を果たす。
顕粒層
有棘層
基底層
基底膜
皮脂腺
皮脂を分泌し、角質層の水分蒸散を防ぐ。
被毛
犬はひとつの毛穴から複数本の被毛が生える。
表皮
非常に薄く、人間の1/3程度しかない。
毛球
真皮
皮下組織
アポクリン汗腺
脂肪分の多い汗を分泌する。

皮膚の役割

- 刺激物質や微生物から体を守る。
- 体内の水分や体温を調節する。

子犬～若犬に多い病気

子犬から若犬の時期（この場合は0歳から4歳未満までを示す）は、皮膚自体の免疫機能が完成されていない。そのため、皮膚の病気にかかりやすい傾向がある。

●膿皮症《のうひしょう》

症状

・赤や黄色の発疹　・フケのように皮が剥ける　・円形脱毛

原因

皮膚のバリア機能が低下し、皮膚内で主にブドウ球菌が繁殖して皮膚炎を起こす病気。皮膚のバリア機能が完成していない子犬に多く発症する。4歳未満での発症ならばあまり心配しなくてよいが、4歳以降に発症したならば、その原因を検討しなくてはいけない。極度のストレス、慢性内臓疾患、免疫異常、アレルギーなど様々な原因が考えられる。

治療

視認だけで判別できる場合もあるが、真菌と間違えることもあるので皮膚検査で判別することもある。膿皮症と診断されたら、抗菌作用のある薬用シャンプーを獣医師の指示のもと使用していく。

●真菌症《しんきんしょう》

症状

・円形脱毛　・脱毛の周りにフケが見られる
・症状が進むにつれ、かゆみが出る

原因

真菌とはカビのことで、皮膚糸状菌と呼ばれるカビが原因で皮膚に炎症を起こす病気。糸状菌には犬小胞子菌、白癬菌、石膏状小胞子菌などがあり、空気中や土から感染する。抵抗力が弱い子犬は特に注意しておきたい。

治療

皮膚の検査を行い、真菌症と判明したら、完全に真菌を殺すまでしっかり治療することが大切。抗真菌剤の内服の他、薬用シャンプーも併用していく。

真菌症は人にも感染する。もし愛犬が真菌症と診断されたり、疑われる場合には、小学生以下の子どもや高齢者、病人など抵抗力の弱い人に感染させないよう気をつけること。

●ニキビダニ症《しょう》

症状

・目や口周り、足先に脱毛がある
・脱毛した部分が赤く腫れ上がっている

・病変が赤い割にかゆみがない

原因

ニキビダニは「毛包虫」「アカラス」とも言われており、健康な犬でも少数ながら毛穴に寄生しているダニの一種。しかし、皮膚の免疫力が弱いとニキビダニが極端に増殖し、皮膚にトラブルを引き起こしてしまう。

目や口周り、足先に症状が出ることが多いが、ひどくなると全身に症状が出てくる。中高齢でニキビダニを発症した場合は裏に重度の疾患が潜んでいることを忘れてはならない。

治療

ノミダニ用の内服予防薬のいくつかの種類が、ニキビダニ治療に非常に良い効果を示す。

●皮膚疥癬《ひふかいせん》

症状

・激しいかゆみがある　・脱毛が見られる

・フケやかさぶたがある

原因

疥癬虫（ヒゼンダニ）と呼ばれるダニが寄生することで、皮膚にトラブルを起こす病気。疥癬虫にはいくつか種類があるが、犬に多いのはイヌセンコウヒゼンダニによるもの。すでに感染し寄生している犬やタヌキとの直接、あるいは間接的接触によって発症する。ホームセンターでのペット用カートでの感染例もある。

治療

駆虫薬を用いて、寄生しているダニを完全に駆虫していく。非常に強いかゆみが出るため、体を掻きむしって傷ができていると、そこから細菌感染などを引き起こしている場合もある。症状に合わせて治療を行なっていく。

疥癬虫は人へも感染するためくれぐれも気をつけておきたい。ただし宿主特異性が強いので寄生はしない。

●耳疥癬《みみかいせん》

症状

・耳垢が黒っぽく、悪臭がする

・耳をしきりにかいたり、頭をぷるぷる振ることが多い

原因

耳ダニとも呼ばれ、耳垢を食べて耳の中で卵を産んで増えていくミミヒゼンダニに感染することで、外耳道に炎症を引き起こす病気。ミミヒゼンダニが寄生している犬などとの接触によって感染する。

治療

耳疥癬と診断されたら、耳道内を洗浄するとともに、駆虫

薬を用いてダニを駆除していく。ただし、駆虫薬はダニの卵には効果がないため、何回か間隔を置いて駆虫することになる。また、外耳炎の状態によって抗生剤や消炎剤などの内服が必要な場合もある。治療で完治できる病気だが状態によっては時間がかかるので、根気よく治療を続けることが大事。

●マラセチア外耳道炎《がいじどうえん》

症状

・耳をかゆがる　・耳の中が汚れている
・耳の中から悪臭がする

原因

マラセチアというのは酵母菌という真菌（カビ）の一種。正常な皮膚にもいる常在菌だが、何らかの要因によって耳の中で過剰増殖することで、炎症を起こしてしまう病気。外耳炎（142ページ参照）の原因としても比較的多いものが、マラセチアによるものと言われている。脂を好む菌のため、皮脂分泌が多い犬は注意したい。

治療

外耳炎の治療と同様に、必要となる検査を行い、マラセチアが原因となっているのがわかれば抗真菌薬を投与する。軽い炎症程度であれば、耳の洗浄だけで様子を見る場合も。

●食物《しょくもつ》アレルギー

症状

・かゆみや脱毛が見られる　・慢性的な嘔吐が見られる
・慢性的な軟便や下痢が見られる

原因

特定の食べ物に対して過剰な免疫反応が起こり、皮膚炎や下痢、嘔吐などのトラブルを引き起こす病気。アレルギー反応を起こすもの（アレルゲンと呼ぶ）は牛乳や乳製品、卵、鶏肉などのタンパク質が多いが、保存料や着色料など食品添加物が原因の場合もある。

治療

食事療法を行なっていく。まずはアレルゲンとなっている食物成分を特定するため、除去食試験を実施する。ドッグフードを与えていたのであれば、今まで食べていたものを一切やめ、アレルギー用の処方食またはアレルゲンフリーのドッグフードを与えて1～2ヶ月程、様子を見ていく。

症状が緩和されたらそのまま獣医師の指示に従うこと。生後2～3ヶ月で発症することもあるが、1歳頃に多いので注意しておきたい。

成犬に多い病気

4歳から7歳頃までは皮膚のバリア機能も出来上がっており、皮膚に関しては一番丈夫な時期。この時期に皮膚の異常が起こったら原因を詳しく調べることがとにかく大事。

●脂漏性皮膚炎《しろうせいひふえん》

症状

・皮膚がベタベタする　・フケが見られる
・かゆみや脱毛が見られる

原因

皮膚を保護し、乾燥を防ぐ役割をしている皮脂が、過剰にたまってしまい皮膚にトラブルを起こす。原因には様々あるが、生まれつき皮脂の分泌が過剰である場合と、他の病気が原因となって引き起こされている場合とが考えられる。

治療

1週間に1~2回の定期的な薬用シャンプーを行う他、かゆみがひどい場合はかゆみ止めなどの塗り薬で治療していく。原因となっている病気があればそちらの治療も行なう。年齢とともに悪化しやすくなるため、皮膚がべたつくのが気になったら早めに対処をしておきたい。

●指間炎《しかんえん》

症状

・足をしきりに舐めている　・指や肉球の間が赤い
・歩き方がいつもと違う

原因

指と指の間や肉球の間に炎症が起きる病気。散歩中に砂や小石などの異物がはさまることで起こったり、アレルギーやアトピーが主な原因となる。

治療

発症の原因で治療方法は異なるが、基本はシャンプー剤による洗浄、消炎剤の塗布になる。散歩から帰宅後は、足をよく確認することが予防につながる。

●マラセチア性皮膚炎《せいひふえん》

症状

・皮膚がベタベタする　・フケが見られる
・かゆみや脱毛が見られる

原因

真菌（カビ）の一種で酵母菌であるマラセチアが異常に増えて皮膚にトラブルを引き起こす。マラセチアは常在菌のひとつだが、皮脂が増えると皮脂をエサとして増えてしまう。

治療

増えすぎたマラセチアの数を減らすため、抗真菌薬の投与の他、薬用シャンプーなどでマラセチアのエサとなる皮脂を洗い落としていく。頻度などは獣医師の指示に従う。

●免《めん》疫《えき》介《かい》在《ざい》性《せい》皮《ひ》膚《ふ》炎《えん》

症状

・皮膚に赤みが見られる　・水疱やフケが見られる
・脱毛が見られる

原因

自己免疫の異常によって皮膚にトラブルを引き起こす病気。天疱瘡、エリテマトージス、無菌性結節性脂肪織、皮膚血管炎などがある。遺伝的要因、薬物、紫外線などが原因と考えられているが、はっきりしていない。

治療

ステロイドや免疫抑制剤などを投与していく。細菌の二次感染が見られる場合は、抗生物質を投与することもある。

●アレルギー性《せい》皮《ひ》膚《ふ》炎《えん》

症状

・皮膚に赤みが見られる　・かゆみや脱毛が見られる
・皮膚が厚くガサガサしている

原因

アレルギー反応を引き起こす物質（アレルゲン）に対して免疫反応が働いてしまい皮膚にトラブルを起こす病気。アレルゲンとなるものに様々で、主なものとしては花粉、ハウスダスト、ノミ、食物、薬物、腸内寄生虫など。

治療

皮膚症状を引き起こしているアレルゲンをアレルギー検査で調べることが、治療の一環となる。アレルゲンをある程度絞り込むことができれば、可能な限り環境からアレルゲンを除去していく。かゆみがある場合はかゆみ止めを内服する。

シニア犬に多い病気

7歳以降になってくると抵抗力が低下してくるため、子犬の時期と同様に感染症による皮膚トラブルが増える。ホルモン系などの病気の影響で皮膚に異常が見られることもある。

●甲状腺機能低下症《こうじょうせんきのうていかしょう》

甲状腺ホルモンの機能が低下することによって引き起こされる病気。代表的な症状のひとつとして脱毛があげられる。脱毛は体幹部や尻尾部分に多く、左右対象に毛が抜ける、かゆみがそれほど出ないのが特徴。また脱毛部に色素沈着が見られる場合もある。二次的に脂漏症がある場合はかゆみが出てくる（詳しくは104ページ参照）。

●副腎皮質機能亢進症《ふくじんひしつきのうこうしんしょう》

クッシング症候群ともいわれ、副腎皮質ホルモンが過剰に分泌されることで引き起こされる病気。症状のひとつに左右対象の脱毛がある。脱毛は体幹部や尻尾部分に多く、脱毛箇所の皮膚は血管が透けて見えるほど薄くなってしまう。二次的に膿皮症やニキビダニ症などの皮膚病を引き起こす場合もある（詳しくは100ページ参照）

●ノミアレルギー性皮膚炎《せいひふえん》

症状

・激しいかゆみがある　・ブツブツや赤みが見られる。
・脱毛が見られる

原因

ノミに刺されることでアレルギー反応を起こし、皮膚にトラブルを起こす病気。若いうちはノミに刺されてもアレルギー症状は出ない。長年繰り返し刺されることによって、中年期以降、体がノミに対するアレルギー反応を起こして、初めて発症してしまう。一度発症すると完治が難しい。

治療

ノミの寄生が確認できたら、まずは駆除を行う。また、炎症の状態に合わせ抗炎症剤などを使用する。子犬の頃から、ノミ駆除剤を使用しておけば防げる病気でもあるので、定期的なノミ予防を心がけておきたい。

●膿皮症《のうひしょう》

詳しくは131ページ参照。

●真菌症《しんきんしょう》

詳しくは131ページ参照。

●ニキビダニ症《しょう》

老齢になってからニキビダニ症を始め、細菌感染による皮膚病がなかなか治らない場合は、悪性腫瘍や重度の内臓障害など重篤な疾患を疑う（詳しくは132ページ参照）。

●皮膚《ひふ》腫瘤《しゅりゅう》

症状

・皮膚にしこりが見られる　・ポコッと膨らんでいる

原因

腫瘤とは「できもの」や「こぶ」「はれもの」などを示す。「しこり」と呼ぶ場合もある。腫瘤と呼ばれる段階では単なる皮膚の炎症なのか、それとも良性か悪性の腫瘍なのかわからない。何が原因となって腫瘤ができたかは、その腫瘤の外観のみでは判断が難しい場合がある。

治療

治療のためには、腫瘤の正体を調べる必要がある。組織を採取し、顕微鏡で見る細胞診検査などを行い判断する。腫瘍が疑われる場合は良性か悪性か、詳しく検査を行う。

しこりのようなものを見つけたら絶対につぶさないこと。また「米粒大のしこりに気づいてはいたが、痛がっていないので様子を見ていたらこんなに大きくなった」と受診した結果、すでに手遅れというケースも多い。しこりを発見した時点で検査することが重要である。

アレルギーってどうして起こるの？

人間も犬をはじめとする動物も、自分の体を守る仕組みに免疫作用というものがある。細菌やウイルスなど害となるものが入ってきた場合、それらを排除するために免疫作用が働く。

だが、本来ならば害のない物質に対して、免疫が過剰に反応してトラブルを引き起こすのがアレルギーのしくみである。アレルギーを起こす物質をアレルゲンと呼ぶ。アレルゲンと思われる物質に対して、体が反応（感作）してしまうと、次に同じ物質が体内に入ってきた場合に時に皮膚炎となってかゆみや炎症などを引き起こす。

免疫作用に異常をきたす原因は、はっきりとはわかっていない。

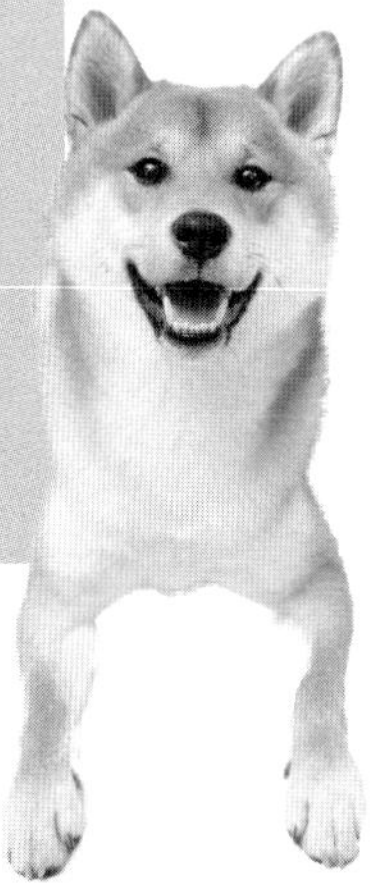

耳のつくり

耳介
集音装置、放熱作用、コミュニケーションなど様々な機能を持つ。

耳小骨
鼓膜に伝わった振動を内耳に伝える。

半規管
平衡感覚を司る。三半規管ともいう。

前庭
平衡感覚のコントロールを助ける。

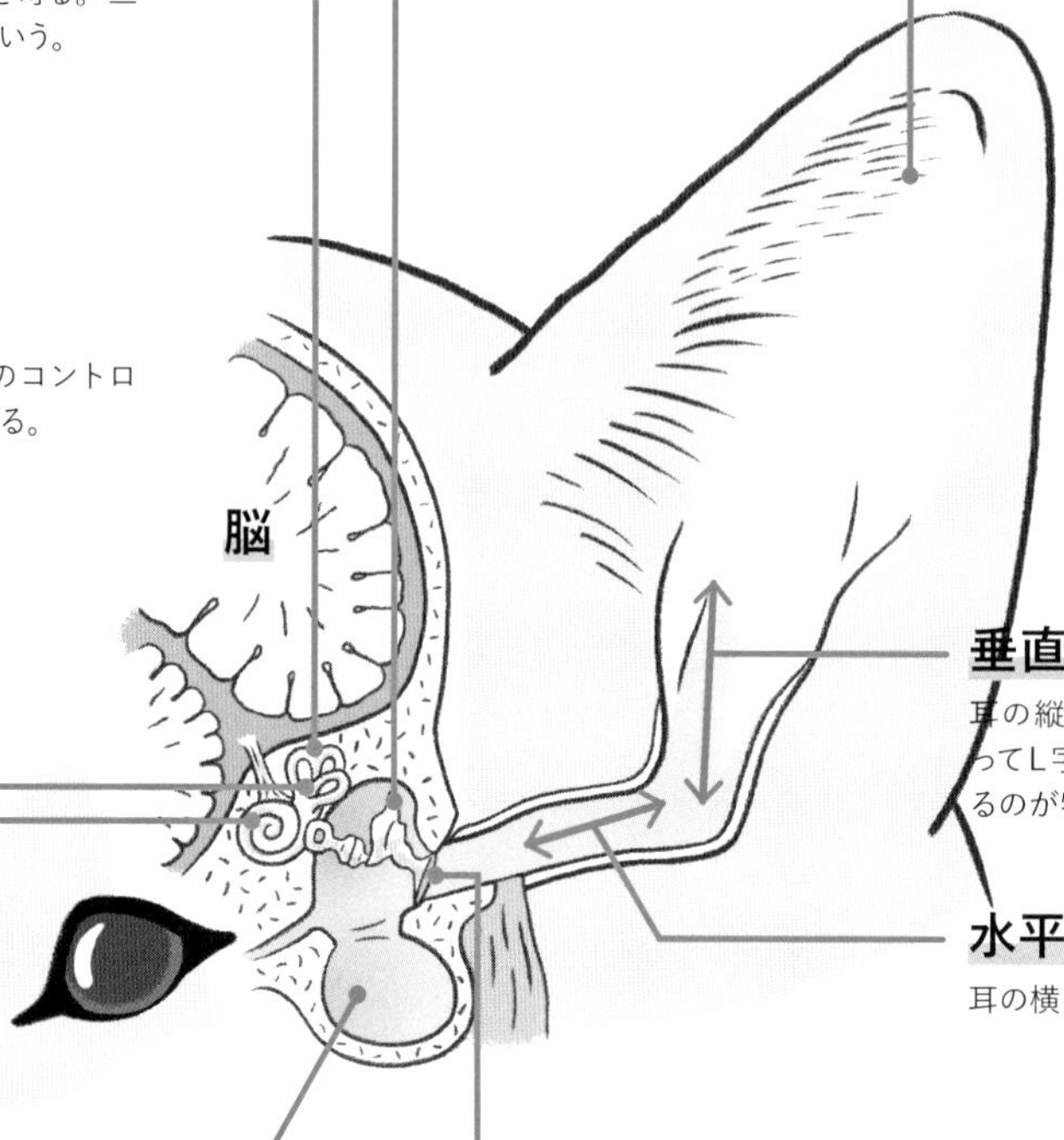

垂直耳道
耳の縦穴。人間と違ってL字型になっているのが特徴。

水平耳道
耳の横穴。

鼓膜
音を効率的に集め、内耳に伝える。

蝸牛
音を中枢神経に送る器官。

鼓室胞
空気で満たされた空間で、音を伝える。

耳の役割

- **優れた集音器となっている。**
- **感情を表現する**

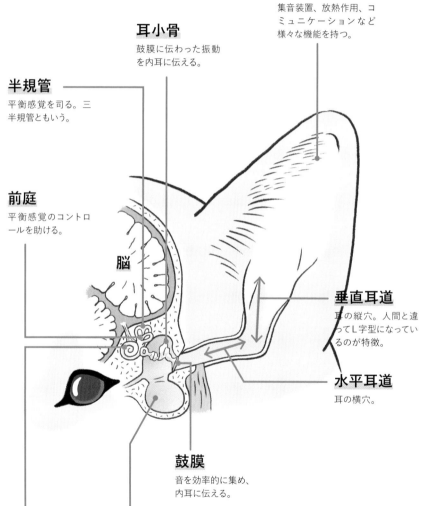

中耳炎・内耳炎

…ちゅうじえん　ないじえん

症状

・症状は外耳炎（142ページ参照）とほぼ同じ。悪化するにつれ、頭を傾ける、けいれんや麻痺などの神経症状が出ることも

原因

鼓膜の奥にあたる部分の中耳、さらにその奥の内耳に炎症を起こす病気。外耳炎からの炎症が鼓膜を破って、中耳まで炎症が広がってしまうことが多い。鼻や口腔内の炎症が鼻管を通して引き起こす場合や、アレルギーが原因の場合もある。中耳炎を悪化させて内耳にまで進行することもある。

治療

基本的に外耳炎と同じ。原因や症状に合わせた治療を行うことになる。

中耳炎が改善しない場合には、全身麻酔下で細いチューブを中耳内に挿入して徹底的に洗浄する。これを何回も繰り返して鼓膜の修復を待つ方法もある。重度の場合は全耳道切除、鼓室胞切開などの手術が必要な場合も。

いずれにしても治療を始めてすぐに改善するケースは少ない。数ヶ月以上はかかると覚悟しておく必要がある。

耳血腫

…じけっしゅ

症状

・耳介部分が膨れて腫れている
・しきりに耳を気にしている
・耳を触られるのを嫌がる

原因

耳介部分には2枚の薄い軟骨があり、その間には血管がある。何らかの原因で軟骨が裂け、血液や血様の漿液がたまって耳介が腫れてしまう病気。原因には大別すると2種類あり、耳を強くぶつけたり、他の犬にかじられたりなど物理的な場合と、免疫系の異常によって起こる場合がある。

治療

そのままにしておくと、耳介の軟骨が萎縮してしまったり、腫れて外耳道が狭くなることで外耳炎を悪化させるなど、様々な支障を引き起こすため、早めの治療が必要となる。

症状が軽い場合は、針などで耳介にたまっている血液や漿液を取り除きステロイド剤を注入する。消炎剤を内服させることもある。抜いても再び繰り返すようであれば、切開手術が必要な場合もある。

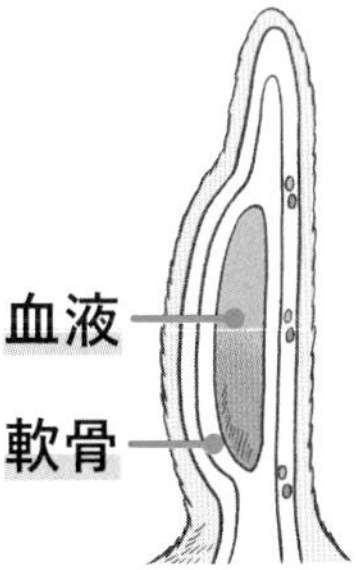

耳介は薄い軟骨が２枚合わさって、様々な動きを可能にしている。軟骨の間に血が溜まってしまうのが耳血腫。

耳垢腺癌

…じこうせんがん

症状

・耳の中が汚れている、悪臭がする
・耳をかゆがる、痛がる
・外耳炎がなかなか治りにくい、再発を繰り返している
・捻転斜頸、水平眼振（前庭障害）
・顔面神経麻痺

原因

耳の中にある耳垢を分泌している**耳垢腺に悪性腫瘍ができてしまう病気**。耳以外にできる腫瘍と同じで、はっきりとした原因はわかっていない。

この腫瘍は耳道内浸潤が強く、内耳や脳にも浸潤していく。さらに下顎リンパ節や耳下腺に転移し、さらに全身へ転移することもある。

治療

耳垢検査や耳鏡検査の他、レントゲンやCT検査、MRI検査、病理組織検査など必要に応じた検査を行い、良性・悪性の判断をしていく。

腫瘍ができている場所や大きさ、進行状態などに合わせて、全耳道切除術など手術手技を選択して、**外科手術により腫瘍部分を広範囲に切除する**。

完全摘出できない場合には、手術後に放射線治療を併用することもある。

他の腫瘍と同様、この病気も年齢を重ねたシニア犬の方が発症しやすい。

真珠腫

…しんじゅしゅ

症状

・耳の中が汚れている、悪臭がする
・耳をかゆがる、痛がる
・外耳炎や中耳炎がなかなか治りにくい、再発を繰り返している

原因

鼓膜の一部が中耳側にへこんで、**袋状になった部分に耳垢などがたまって膨らんでしまう病気**。膨らんだ部分が白い真珠のように見えることから、この病名となった。

はっきりした原因はわかっていないが、慢性の外耳炎や中耳炎などを繰り返す場合はこの病気が疑われる。

治療

耳垢検査や耳鏡検査の他、レントゲンやCT検査、病理組織検査など必要に応じた検査をまずは行う。基本的には**外科的治療として真珠腫の部分を摘出する**ことになる。

真珠腫は耳の奥にできるため、飼い主が外から見ただけではわからない。少しでも愛犬のそぶりがおかしいと思ったら、早めに動物病院で診てもらうことが大切だ。

柴犬に多い病気

アトピー性皮膚炎

あとぴーせいひふえん

症状

●足先、足の付け根、顔面、脇下、腹部、外陰部とその周辺、耳周りなどを舐める、擦る、引っかく　●フケが増える　●脱毛
●皮膚が赤く腫れる、ただれる
●皮膚の色素沈着　●季節性がない　●硬く厚いゾウのような皮膚になる

原因

遺伝的要因により、ダニや花粉、カビ、食物中のタンパク質、穀物類、植物など、様々な環境物質に反応しやすい過敏な体質（アトピー体質）で、皮膚バリアの異常やアレルギーを持ち合わせている犬は悪化しやすい。

柴犬は他の犬種に比べとても発症しやすく、生後6ヶ月から3歳の間に発症する。激しいかゆみにより、四六時中かいたり、舐めたり、体を床に擦ったりして、皮膚が赤く腫れたりただれたり、カサブタのように硬く分厚くなってしまう。その行為が繰り返され、膿皮症やマラセチア皮膚炎など、二次的な皮膚疾患を発症することもある。

高温多湿の夏場に症状が悪化することが多いが、ほぼ1年中症状が続くのが特徴的。犬のアトピー性皮膚炎は加齢とともに悪化するため、完治は難しいと言われている。

治療

初発年齢や季節性の有無、食事内容、生活環境、これまでの経過など詳細に問診する。そして、体全体を見て触って観察する。あわせて内臓疾患、感染症など総合的に診察する。また、アレルゲンをある程度まで特定する検査としてIgE抗体測定検査がある。

かゆみを軽減するために、ステロイド剤や抗ヒスタミン薬、シクロスポリン、オクラシチニブなどの内服薬を服用する。最近では月1回の注射で済むロキベドマブもよく使用されている。皮膚のコンディションを良好に保つために、皮膚の表面で微生物が増殖しないよう殺菌シャンプーを並行して行なう。

日常生活では、IgE抗体測定検査によりアレルゲンが推定されたら、生活環境からできるだけそれら物質を排除すること。また、シャンプーやブラッシングをこまめに実行したり、低アレルギー食にするなど様々な対応を行い、改善・予防を心がけることが愛犬のかゆみの軽減につながる。

柴犬に多い病気

外耳炎

がいじえん

症状

●耳をかゆがる、痛がる　●耳の中が汚れている、においがする　●耳の入り口が赤く腫れて狭くなる

原因

耳の入り口から鼓膜の直前までの外耳道に炎症を起こす病気。原因には耳疥癬（耳ダニ）やマラセチア、細菌、アレルギー、アトピー、ホルモン異常によるものなどが挙げられる。膿皮症を持っている場合も、外耳炎を引き起こしやすい。

立ち耳の柴犬は、散歩中に草むらに入って草の実など異物が入り込んでしまって外耳炎を発症する場合もある。秋から冬に多い耳の病気で、発症直後は非常に痛がる。日にちが経つと耳の奥で炎症を起こし、化膿してくることも。

治療

耳の中が汚れていて耳垢も多いからといって外耳炎とはいえない。外耳炎とするなら耳道が腫れて変色している、あるいは耳垢に細菌やマラセチア、耳疥癬などが検出されなくてはならない。

耳の腫れもなく耳垢に何も検出されなければ単なる耳垢なので、抗生剤などを使用する必要はなく、耳洗浄だけで十分である。

まずは耳垢検査で何が炎症の原因になっているのかを調べる。耳鏡検査が可能であれば耳道内に炎症や異物・しこりがないか、鼓膜は正常かを調べていく。原因や症状に合わせた治療を行うことが大切となる。

例えば、耳垢検査でマラセチアが判明したら抗真菌薬を投与する。軽い炎症程度であれば、耳の洗浄だけで様子を見ることもある。

柴犬に多い病気

皮膚糸状菌症

ひふしじょうきんしょう

症状

- フケが増える
- 赤い発疹、ブツブツした発疹
- カサブタ
- 湿った皮膚炎
- 水疱

原因

皮膚糸状菌は、動物の皮膚のタンパクを栄養とする真菌で、カビの一種。人獣共通感染症のひとつで感染力が高いのが特徴だ。

散歩中やドッグランなどで皮膚糸状菌症の犬と接触したり、家の内外を自由に出入りしている同居猫などが感染経路になることがある。また、菌の種類によっては土の中にも存在していて、庭で土を掘り起こして遊んでいるうちに感染する場合もある。健康な犬はかかりにくいが、子犬や老犬、免疫抑制剤や抗がん剤などを投与していたり、抵抗力が弱い犬の場合は感染しやすい。

症状は頭部、顔面、四肢、首、背中、シッポ、腹部などほぼ全身に現れる。菌が毛や皮膚のケラチン組織に感染すると脱毛して、やがてドーナツ状に広がりフケが増える。菌の胞子が飛び散り、体の様々な場所に脱毛が見られるようになる。また、菌が毛穴に感染すると赤い発疹やブツブツした発疹ができる。

治療

類似する症状の皮膚病が多いので、臨床症状だけでは診断できない。必ず複数の検査を行い複合的に診断する。皮膚から毛やフケを回収して顕微鏡で胞子の有無を確認する抜毛検査、感染した毛が黄緑色の蛍光を示す特殊なランプを照射するウッド灯の検査、病原菌の種類を特定する培養検査などを行う。

治療法は、抗真菌薬の内服薬とともに、抗菌薬用シャンプーや抗真菌薬の外用薬を併用する。薬剤が浸透しにくい毛に感染が見られるため、内服薬と外用薬の組み合わせで治療が進められる。治療期間は数週間から数ヶ月と長いが、完治せずにやめてしまうと、再発してさらに時間がかかってしまう。症状が治まっても自己判断で投薬を中止せずに、獣医師の指示に従うことが重要になる。

皮膚病変が広くなるほど胞子量も増え、周囲への感染力も高くなる。清潔な生活環境を目指してこまめな洗濯や掃除を徹底し、愛犬や家族への感染を阻止することが大切だ。

動物医療で取り入れられる東洋医学

病気を予防する未病にアプローチできる東洋医学は体に負担がかからず、副作用もなく気軽で安全。免疫力を高め、健康維持に役立つ東洋医学に視線集中！

犬の寿命が飛躍的に伸びた昨今、それに伴う生活習慣病や老化現象に苦しむ犬が多いのも事実。科学を基礎とし、さまざまな検査を行ない、病気を特定して治療する西洋医学。そんな西洋医学の補完、代替え医療として鍼灸、ツボ療法、漢方薬など体に優しい、自然治癒力を高める東洋医学が注目されている。そして、西洋医学と東洋医学を統合した「統合医療」の取り組みが始まっている。

ストレスやダイエット、免疫力アップ、老化防止などにも効果がある東洋医学を取り入れて日々の生活の質の向上と健康維持に役立てることが期待できそうだ。

東洋医学を取り入れた動物病院が増えてきているが、まずはかかりつけの獣医師に相談することを忘れずに。

●ツボ療法

体内を巡るエネルギーが循環する経路上にツボは点在し、その数は700個。そのツボを押したり撫でたりすることで病変部へ刺激が届き、改善されると言われている。体を温めたり、興奮を抑えたり、ストレス解消、かゆみを抑えたり、免疫力をアップしたり、目的に合わせたツボを刺激するといい。ツボ療法は1日1~2回、少しずつ毎日続けると効果が現れる。ただし、愛犬が体調を崩していたり、ケガをしている場合は控えること。

●鍼灸治療

西洋医学では治療しても改善がなかなか見られない、ある一定の疾患に効果が期待できると言われているのが鍼灸治療だ。鍼は、椎間板ヘルニアによる起立不能や、股関節形成不全や膝蓋骨脱臼による疼痛などに効果を発揮することもある。最近ではツボにレーザー光線をあてるレーザー針治療も注目されている。

また、間接的にツボに熱刺激を与える温灸による灸治療は疲労回復、免疫力の調整、鎮痛効果などに有効的。

いずれの場合も自己判断で始めるのではなく、必ずかかりつけの獣医師に相談することが大切。

11章

感染症

ウイルス、細菌、真菌や寄生虫などによって起こる感染症をまとめた。ウイルスや寄生虫の感染はワクチン、予防注射で防げることも多い。飼い主の義務と責任として必ず予防を。

ウイルス感染

ここで紹介するウイルス感染症は発症した場合、ほとんどのものがそのウイルスに対する治療薬がない。ただし、どれもワクチン接種で予防可能である。ワクチン接種についてはかかりつけの動物病院と相談しつつ、予防に努めるようにしたい。

●犬《いぬ》パルボウイルス感染症《かんせんしょう》

症状

・激しい下痢と嘔吐
・元気消失、衰弱
・発熱がある場合も

原因

発症した犬の糞便や嘔吐物、接触から感染する。それ以外にも汚染された飼い主の服、手、床、敷物などからも感染する。環境中では数ヶ月も生存されるウイルスと言われており、人間の靴について様々な場所へ運ばれる可能性がある。子犬に多く、伝染力も致死率も高い病気。

治療

犬パルボウイルスに有効な薬は存在しない。下痢や嘔吐で衰弱した体力を回復させるため、輸液や制吐剤の投与などの対症治療を行っていく。

●犬《いぬ》コロナウイルス感染症《かんせんしょう》

症状

・下痢、嘔吐
・食欲が落ちる
・軽症では無症状な場合もある

原因

発症した犬の糞便や嘔吐物、接触から感染する。抵抗力のある成犬では軽症なこともあるが、抵抗力の弱い子犬は重症化しやすい。細菌や腸内寄生虫との合併症を起こすと、命に関わる場合もある。

コロナウイルスにもいくつかの種類があり、この場合は新型コロナウイルスとは別のものとなる。

治療

ウイルスに対する薬はないため、犬の体力を回復させるための輸液や制吐剤の投与などの対症治療を行う。

細菌感染を防ぐため、抗生物質を投与する場合もある。

●犬《いぬ》ジステンパー

症状

・発熱、鼻水、咳
・下痢、嘔吐
・けいれん

原因

発症した犬の糞便や鼻水、唾液、接触などから感染する。ジステンパーは伝染力が強いウイルスのひとつ。子犬や高齢犬など抵抗力の弱い犬に感染しやすく、発症すると致死率も高い。

初期段階は風邪の症状に似ており、見逃しやすい。若い犬では突然、けいれんなどの神経症状を起こす場合もある。高齢の犬では徐々に進行するにつれ、神経症状の他、うつ状態になるなどの脳炎症状が見られることもある。

治療

ウイルスそのものに対する治療法はないため、発症した場合は対症療法を中心に行うことになる。栄養や水分補給などを行って、体力の回復を助けていきながら、症状に応じて、抗菌剤や抗生物質などを投与する。

●犬伝染性肝炎《いぬでんせんせいかんえん》

症状

・発熱、鼻水
・嘔吐、食欲不振
・黄疸、むくみ

原因

犬アデノウイルス1型に感染することによって、様々な症状を引き起こす。発症した犬の咳やくしゃみ、鼻水など飛沫物が口の中に入ることで感染するケースが多い。

症状には、1日以内に突然死するものから、肝臓に炎症を起こすもの、症状が現れないものなどがある。1歳未満の子犬は重症化しやすく、命に関わる場合がある。

治療

他のウイルス感染症の病気と同様に、この病気においてもウイルスに対する有効的な治療法はない。肝臓の再生と機能回復を助ける対症療法を中心に行っていく。

●ケンネルコフ

症状

・運動後や興奮時などにコホコホと乾いた咳が続く
・発熱、鼻水
・呼吸が荒く、苦しそうになる

原因

いくつかのウイルスや細菌が単独あるいは混合して感染することで引き起こされる病気。主に犬アデノウイルス2型と犬パラインフルエンザウイルスが原因になることが多い。発症した犬の咳やくしゃみ、鼻水などの飛沫物から感染する。

たくさんの犬が生活しているケンネル（犬舎）で発生することが多く、主な症状がコフ（咳）であることから、この病名になっている。

治療

ウイルスに対する効果的な治療法はないため、症状に合わせた対症療法を行うことになる。

細菌感染が関与している場合は抗生物質を投与し、咳がひどい場合は咳を抑える薬剤や吸入療法を行う。

● 狂犬病《きょうけんびょう》

症状

- ・暗闇に隠れる、物音に驚くなど、これまでと違う行動が見られる
- ・ヨダレをダラダラ流す
- ・凶暴になる　・けいれんする

原因

狂犬病ウイルスの感染によって引き起こされる病気。人間を含め、全ての哺乳類に感染するため、発症した犬や野生動物に咬まれると、犬だけでなく人も感染する。

咬まれた場所により発症までに一般的に1～2ヶ月、長いと数ヶ月以上かかる場合がある。脳に近い場所ほど早く発症すると言われ、発症すると2～3日の間にほぼ100％死に至る。

治療

狂犬病の治療法は今のところない。発症した場合は、残念だが治療は行わず安楽死が選択される。

もし人間が狂犬病の疑いのある犬に咬まれたら、すぐに傷口を水洗いし、極力早く暴露後免疫のワクチン接種をすること。接種開始日を0として、3、7、14、30、90日と決められたスケジュールで6回接種することになる。

日本では狂犬病予防法により、すべての犬に年1回の予防接種が義務づけられている。1957年以降、国内では発生していないが、海外で発生している国は多くあるため、いつ日本で発生してもおかしくない。

毎年の狂犬病予防接種は愛犬だけでなく、人を守るためでもあるのだ。

細菌感染

細菌性の感染にも様々な種類がある。犬同士で感染するだけでなく、犬から人へ感染する可能性のあるものもあるため注意が必要だ。

● ブルセラ病《びょう》

症状

- ・オスの場合：精巣・精巣上体・前立腺の膨脹、不妊
- ・メスの場合：流産を繰り返す

原因

ブルセラ・カニスと言われる細菌の感染によって引き起こされる病気。人にも感染する人獣共通感染症のひとつである。犬の場合は感染犬の尿や流産時の汚物、乳汁、交尾などから感染する。人は感染犬の血液、乳汁、尿、体液、胎盤との接触で感染する。

感染した犬でも見た目や行動は元気であり、すぐわかる症状を出さないため、発見されにくい場合が多い。

人は発熱や関節痛など風邪様症状の他、男性、女性ともに不妊症、妊婦の場合は流産する可能性がある。

治療

ブルセラ病だと判明した犬は、有効

的な治療法がないため、基本的に安楽死処置を行うことが推奨されている。どうしても安楽死を避けたいなら、犬を完全隔離するしかない。

人の場合、感染した犬と接触しても必ず感染するものではないが、抵抗力が落ちている人、妊婦や出産予定のある男女、子どもやお年寄りなどは気をつけたい。

●レプトスピラ病《びょう》

症状

・甚急性型：発熱、震え、口腔内・粘膜からの出血
・黄疸型：甚急性型に見られる症状に加えて、強度の黄疸が出る
・急性型：嘔吐や脱水、呼吸困難
・亜急性：腎炎症状

原因

レプトスピラ菌が原因で発症する病気。人へも伝染する人獣共通感染症のひとつ。保菌しているネズミの尿中に菌が排出され、それが川や池、水たまりなどに紛れ込み、汚染された水を犬が飲んだり、水を踏んづけた足を舐めたりして感染するケースが多い。甚急性型（最も激しい経過を示す）の場合は数時間～数日で死に至る。

地域性があり、関東より南の暖かい地方（四国や九州地方）に多いと言われているが、関東北部でも時折発症しているので注意が必要である。

人の場合も同様に、菌に汚染された尿などとの接触が原因となる。人に見られる主な症状としては、発熱、筋肉痛、頭痛、悪寒、喉痛、悪心、嘔吐、下痢などになる。

治療

細菌による感染なので、治療には抗生物質を投与する。レプトスピラ病はワクチンがある。混合ワクチンに含まれているので、住んでいる地域だったり、山や水場によく行くなどのライフスタイルによって、ワクチン接種をしておくことが予防になる。

●ブドウ球菌《きゅうきん》

症状

・何らかの原因で異常に増えると皮膚トラブルを起こす

原因

ブドウ球菌は、健康時から犬の皮膚に常に存在する菌のひとつ。基本的に健康時には特にトラブルを起こすことはない。免疫機能の異常や内分泌系疾患、アレルギー性皮膚炎、悪性腫瘍など皮膚のバリア機能が低下した場合に過剰増殖することによってトラブルを引き起こす。ブドウ球菌が原因の病気が膿皮症（131ページ参照）だ。

治療

膿皮症の治療と同じ。

●カンピロバクター

症状

・菌に汚染された食品や水を口にすると嘔吐や下痢を起こす

原因

カンピロバクターは下痢などの腸炎を引き起こす細菌のひとつ。菌に汚染された食品や水の他、保菌している動物の排泄物との接触でも感染する。

感染しても症状を現さないことも多いが、抵抗力の弱い子犬や、病気やストレスなどで免疫力が低下していると腸炎の症状を引き起こす。人獣共通感染症のひとつであり、人が感染した場合も、下痢や嘔吐などの消化器症状、胃腸炎が主な症状となる。

治療

症状に合わせて治療を行う。抗菌剤の投与のみで回復する場合もあるが、脱水症状が見られる時には、輸液や栄養補給など対症療法も行っていく。

●大腸菌《だいちょうきん》

症状

・菌に感染することで、下痢や嘔吐など腸炎症状を起こす

原因

大腸菌は人間をはじめ、哺乳類の腸内細菌のひとつ。いろいろな種類があり、ほとんどのものは病原性がなく無害だが、一部には下痢や嘔吐などの消化器症状を引き起こす大腸菌がいる。

大腸菌に汚染された食物や水の摂取により、下痢や嘔吐などを引き起こす。人にも感染する人獣共通感染症のひとつ。人も下痢や嘔吐などの消化器症状を起こす。感染した犬の排泄物を片づけた後は手洗いを忘れずに。

治療

抗菌剤の投与の他、下痢や嘔吐で脱水症状が見られる時には輸液や栄養補給などの対症療法も行なう。

●パスツレラ症《しょう》

症状

・犬に症状は出ない。

原因

犬は約75%、猫はほぼ100%がパスツレラ菌を口腔内常在菌として保菌しているといわれている。

犬や猫はこの菌があっても問題なく何も発症することはない。菌を保有する犬や猫から人に感染して、何かしらの症状を現す病気。

犬や猫に咬まれたり、引っかかれたり、舐められたりといった接触によって感染で引き起こす。皮膚の化膿やリンパ腫膨脹、呼吸器症状、耳炎、副鼻腔炎などが主な症状である。

治療

パスツレラ菌に有効な抗菌薬の投与で治療していく。日和見感染と言って健康な人にはかかりにくい病気で、すべての人が感染するわけではない。

だが、たとえ愛犬であっても咬まれて皮膚に傷がついた場合には、オキシドールでもよいのですぐに消毒を。その後、できるだけ早く病院へ行って抗生剤を処方してもらった方がよい。

いつものことだから大丈夫と放置しておくと、命に関わることもある。

真菌感染

真菌とはカビのこと。カビにも様々な種類があり、感染すると主に皮膚にトラブルを起こすことが多い。また、犬から人にも感染することもあるので気をつけておこう。

●犬《いぬ》糸《し》状菌《じょうきん》

症状

- 円形状の脱毛が見られる
- 脱毛の周りにフケが見られる
- 症状が進むにつれ、かゆみが出る

原因

真菌症（131ページ）でも紹介しているが、糸状菌と呼ばれるカビが原因で、皮膚にトラブルを起こす。

感染した犬との接触や土から感染するケースが多い。愛犬が発症した場合は飼い主にも感染するリスクが高まるため、注意が必要となる。

治療

真菌症と同じ。

●カンジダ

症状

- 何らかの原因で増殖することで、発熱、皮膚の多発性紅斑、出血斑が見られる。
- 膀胱炎

原因

カビの一種であるカンジダは、犬の皮膚に常在している。子犬や高齢犬、病気の犬など抵抗力が弱いと増殖してしまう。犬で時折見られるのはカンジダ性膀胱炎がある。

もし、発症した場合は、なぜカンジダが出現したのか、その原因を考えなくてはならない。人の場合、感染した犬との接触が主な感染源となる。人の症状も犬と同様、発熱、皮膚の多発性紅斑、出血斑などが見られる。

治療

症状に合わせた治療を行う。抗真菌剤を投与する他、薬用シャンプーを併用していく。

寄生虫感染

寄生虫は体のどこに寄生するかによって大きく2種類に分かれる。体表面に寄生するノミ、ダニなどは外部寄生虫。体の中に寄生する回虫、フィラリアなどは内部寄生虫と呼ぶ。

●マダニ感染症《かんせんしょう》

症状

- 貧血、発熱、食欲不振
- 急性の場合は黄疸が見られ、衰弱して死に至る場合も

原因

家庭内に生息するダニとは違い、草木のある場所に生息する大型のダニがマダニ。哺乳類の皮膚に寄生すると、がっちりと噛み付いてぶらさがり、体が通常の１００倍もの大きさになるまで吸血する。

人にも直接感染し、寄生もする。最近では命にも関わる「重症熱性血小板減少症候群（ＳＦＴＳ）」といわれる、マダニを媒介して引き起こされる感染症による死亡も報告されている。主な症状は発熱、全身倦怠感、消化器症状だが、高齢者は重症化しやすいといわれているので注意が必要だ。

治療

犬の体にマダニがついているのを見つけた際には、無理に取ろうとしないこと。マダニのアゴの部分が残り、化膿や腫れを引き起こす場合があるので必ず動物病院で取ってもらう。

治療には内服薬または外用薬による駆虫を行う。予防薬もあるので、あらかじめ予防しておきたい。

●ノミ感染症《かんせんしょう》

症状

- かゆみ、炎症
- 脱毛が見られる場合も

原因

犬が感染するノミの主なものはイヌノミ、ネコノミが挙げられる。寄生したノミに吸血されることで、皮膚にトラブルを起こす。場合によってはノミアレルギー性皮膚炎（１３６ページ参照）を起こすこともある。

人にも感染し、イヌの場合と同様にかゆみ、紅斑などの皮膚炎が主な症状となる。掻きむしることで傷口から細菌が入り、二次感染を起こす場合も。

治療

治療には痒み止めなど内服薬や外用薬の他、炎症がある場合は炎症を抑える薬、ノミ駆除のための駆除剤を使っていく。二次感染を起こしている場合は抗生物質の投与なども行う。

定期的にノミの駆除予防薬を使用し、愛犬が過ごしている場所を清潔に保つことが予防につながる。

●フィラリア症《しょう》

症状

・元気消失、食欲減退
・咳が出る、呼吸が苦しそうになる
・進行するとお腹が膨らんでくる
・興奮すると失神する
・血尿、喀血

原因

フィラリア（犬糸状虫）は、蚊の媒介によって感染する寄生虫。犬の肺動脈や右心房に寄生することで、動脈硬化が起こり、心臓、腎臓、肝臓、肺などに影響を及ぼす。

一般的によく見られるのは慢性タイプだが、急性タイプもある。突然元気がなくなってぐったりし、血を吐いたり、赤褐色のオシッコが出たりしたあとに、1週間程で命を落としてしまう場合もある（詳しくは91ページ参照）。

治療

急性の場合は、緊急手術で心臓内のフィラリアを摘出することになる。慢性の場合は、駆虫薬で寄生したフィラリアを駆除する。いずれにしても、すでに血管や心臓などに受けた肺動脈高血圧症や右心不全などのダメージを回復させるのは難しい。

フィラリアはノミ、ダニと同様に予防薬を使うことであらかじめ防ぐことができる。蚊の発生時期は地域によって違いがあるので、投与期間はかかりつけの動物病院の指示に従うこと。

毎年投薬を始める際に、血液1滴でわかるフィラリア成虫抗原検査を必ず受けることが大切だ。

●内部寄生虫《ないぶきせいちゅう》

内部寄生虫には、腸内に寄生する虫から、肺に寄生する虫、肝臓や腎臓に寄生する虫まで、様々な種類がある。

犬から人に移る可能性があるものが多く、人への感染経路はほとんどが経口感染である。定期的な駆虫と検便を行うことで予防できるものが多いので心がけておきたい。

主な内部寄生虫

寄生虫名	犬の症状	原因	人への感染経路	感染した場合の人の症状
犬回虫（いぬかいちゅう）	嘔吐、下痢、食欲不振	妊娠中の胎盤感染、感染犬の糞便から感染。生後4ヶ月以降の犬では成虫まで育たないが、犬が妊娠すると成長し、胎盤を通じて幼虫が胎児に感染	排泄物から経口感染	発熱、咳、筋肉痛、関節痛、倦怠感、肝障害、眼に移行すると視力低下、脳へ移行するとけいれんなど
犬鉤虫（いぬこうちゅう）	腸組織の損傷による出血、貧血、消化器障害による下痢など	感染した犬の糞便からの経口感染のほか、皮膚から体内に侵入する場合もある	排泄物から経口感染のほか、皮膚から体内に侵入する場合もある	皮膚から侵入した場合、皮膚炎を起こす。下痢や鉄欠乏症を起こすこともある
鞭虫（べんちゅう）	腸組織の損傷による下痢や出血、嘔吐など消化器障害	感染した犬の糞便からの経口感染	排泄物から経口感染	下痢や嘔吐
糞線虫（ふんせんちゅう）	下痢、子犬の場合は発育不良、体重低下	感染した犬の糞便などから感染し、小腸や肺に寄生する。成犬では無症状の場合もあるが、子犬は命にかかわる場合も	排泄物から経口感染のほか、皮膚から体内に侵入する場合もある	下痢や嘔吐、皮膚から侵入した場合、皮膚炎を起こす
瓜実条虫（うりざねじょうちゅう）	下痢、糞便とともに排出される際に肛門周囲を気にしている、糞便に虫が混ざっている	瓜実条虫の幼虫が感染したノミを媒介して犬の体内に入ることで寄生し、成長する。犬は無症状のことが多い	排泄物から経口感染	ほとんどが無症状だが、小さい子どもでは下痢や腹痛が見られる場合も
ジアルジア	下痢、嘔吐、食欲不振	感染した犬の糞便からの経口感染	排泄物から経口感染	下痢や嘔吐
コクシジウム	泥状あるいは水様状の激しい下痢、無症状の場合もある	感染した犬の糞便からの経口感染	排泄物から経口感染	人には寄生しない
エキノコックス	無症状	北海道のキタキツネが主な感染源で糞便と一緒に排泄した虫卵から感染する	排泄物から経口感染	肝臓機能障害
ニキビダニ（P131）	皮膚の炎症、脱毛	健康な犬の毛穴に普段から寄生するダニ。免疫力の低下により増殖するとトラブルを起こす	乳児期の接触感染	皮膚の炎症、脱毛
疥癬（かいせん）（P132）	激しいかゆみ、脱毛	疥癬虫（ヒゼンダニ）に寄生している犬や虫卵との接触によって感染	接触感染	一時的な激しいかゆみ・脱毛。人には寄生しない
爪ダニ（つめだに）	フケ、かゆみ	イヌツメダニが寄生している犬との接触によって感染。成犬は軽症のことが多いが、子犬は重症化しやすい	接触感染	激しいかゆみ、痛み
東洋眼虫（とうようがんちゅう）	重度の結膜炎、涙が増える、瞬膜の炎症、目ヤニが多い	まぶたや瞬膜の裏側に寄生する線虫。メマトイという昆虫によって媒介される。涙や目ヤニを舐められることで感染する	接触感染	涙がふえる、結膜炎、瞬膜の炎症、視力障害など

12章

腫瘍

腫瘍は体のどこにでも発症しておかしくない。ここでは愛犬が腫瘍と判明したときの「腫瘍との向き合い方」に加え、柴犬を飼ううえで知っておきたい腫瘍をまとめている。

腫瘍に対しての向き合い方

腫瘍とは

腫瘍には良性と悪性があり、悪性の腫瘍がいわゆるガンと肉腫である。

良性の場合は多くのものは命に別状はないが、中には悪性転嫁したり、良性でありながら悪性と同じような挙動を示すものもある。

悪性の場合は徐々に、あるいは急激に進行していくので、何らかの治療が必要となる。動物医療の発展で犬も高齢化が進み、それに伴って腫瘍の発生率も高くなってきている傾向がある。

一般的な診断方法

悪性腫瘍はその部位や種類によって症状や進行のスピードが異なり、また治療法は様々となる。同時に、診断にも様々な方法がある。

多くの場合は、犬に異常を感じてから動物病院へ連れていくというステップから始まる。

動物病院で問診、触診などを行った後、その場で行える検査（血液検査、レントゲン検査、超音波検査など）を行う。この時の検査の目的は、①腹腔内腫瘍、胸腔内腫瘍を発見するため、②犬の全身状態を把握するため、③腫瘍を疑うしこりがあれば、大きさや内部構造を見るためである。

この段階で確定診断が出る腫瘍は、それほど多くない。さらに詳細な検査が必要となり、疑われる腫瘍の種類や症状の軽重によって異なってくる。

まず、針生検検査を行うことが多い。部位によって針を刺すことが不可能な部位もあるが、採材できる場所ならほぼ行う。その後、採取した細胞の細胞診を行う。腫瘍の種類によっては、その場で診断できることもあるが、よりはっきりした結果や情報を得るために外部検査センターの病理診断医に依頼することも多い。

腫瘍の大別

◆上皮系腫瘍
上皮細胞より発生する腫瘍

◆間葉系腫瘍
脂肪細胞や血管内皮細胞などの間葉系細胞から発生する腫瘍

◆組織球の腫瘍
皮膚などの組織球系細胞から発生する腫瘍

◆造血系腫瘍
骨髄内外で産出されるリンパ球などから発生する腫瘍

診断の結果、悪性あるいは悪性の可能性との結果が得られたならば、転移の有無や広がり具合をCT検査やMRI検査で調べるため、これを備えた病院に予約して検査することとなる。

　また、体表の腫瘍であれば、腫瘍のほんの一部を切り取って病理検査を行うことも多い。結果が出るまでに3〜7日を要する。

　これらの検査を適宜行った上で、病名とステージを確認し、治療へと進んでいく。

腫瘍の確定診断の一例

❶ 問診・触診
- いつ頃しこりに気づいたか、増えているか、など飼い主に質問。
- 獣医師が体を触って全身を確認する。

❷ 血液検査・レントゲン検査・超音波検査など
- その場で行いやすい検査を行う。

❸ 針生検検査・病理検査など
- 細い針を腫瘍に刺して細胞を採る。
- 腫瘍を少し切り取って、細胞の組織を採る。

❹ 病理診断医への判断依頼
- 判断に困る場合に依頼する。

❺ ＣＴ検査・ＭＲＩ検査など
- 設備のある病院で検査をする。

※あくまでも一例であり、動物病院によって方法は異なります。

治療法の選択

　外科的治療で腫瘍を完全切除できるのであれば、その方法がよい。

　摘出した腫瘍はもう一度病理検査を行い、完全に摘出されているか否か、すでに転移している可能性があるか否かを調べる。

　最終的な病理診断の結果も合わせ、今後の治療法を選択していく。

　他に抗癌剤治療、放射線治療などがあり、単独あるいは組み合わせて治療を行っていく。

早期発見、早期治療に努めたい

悪性腫瘍は進行すると、治療の効果が現れないこともある。そうなると改善の望みは限りなく小さくなってしまう。そうならないためには、早期発見が重要となってくる。

　犬の体調管理や日頃の様子を観察することで、わずかな異常に気づける可能性は高くなる。また、皮膚などの腫瘍は、日々のマッサージなどで発見できるケースも少なくない。

　しこりを発見したら、すぐに診察を受けてほしい。「米粒大で発見できていたのに、愛犬が痛がらないから様子を見ていたら、あっという間にこんなに大きくなってしまった」という家族も多い。そうなると、すでに手遅れというケースも少なくない。

　疑われるような症状があり、少しでも不安に思ったのであれば、獣医師の診察を受けたい。早期発見できれば、早期治療を行うことができ、大事に至る前に処置できる可能性は上がる。

リンパ腫 …りんぱしゅ

症状

・リンパ節の腫れ　・食欲不振　・呼吸困難
・下痢、吐き気　・発熱

原因

全身のリンパ節、リンパ組織、肝臓や脾臓など臓器に由来するリンパ系細胞の腫瘍。原因ははっきりしていないが、遺伝性とも考えられている。**柴犬では6歳以降の壮年から老齢の犬に発症例が多い**。

リンパ腫は多中心型、前縦隔型、消化器型、皮膚型に大別され、犬では多中心型が80パーセントを占める。咽頭リンパ節が肥大化してくると咽頭、食道、気管などを圧迫し、呼吸困難を引き起こすこともある。

治療

多中心型の場合は触診で確認できる。その後、血液検査やレントゲン検査、超音波検査などで状態を把握し、リンパ節生検を行う。また腹水や胸水が溜まっている場合は採材して細胞診を行う。**各種の抗癌剤を組み合わせて使用する多剤併用療法で治療を進める**ことが多い。治療の効果はリンパ節の腫れの程度で確認できるので、飼い主にもわかりやすい。

犬の主な代表リンパ節の位置

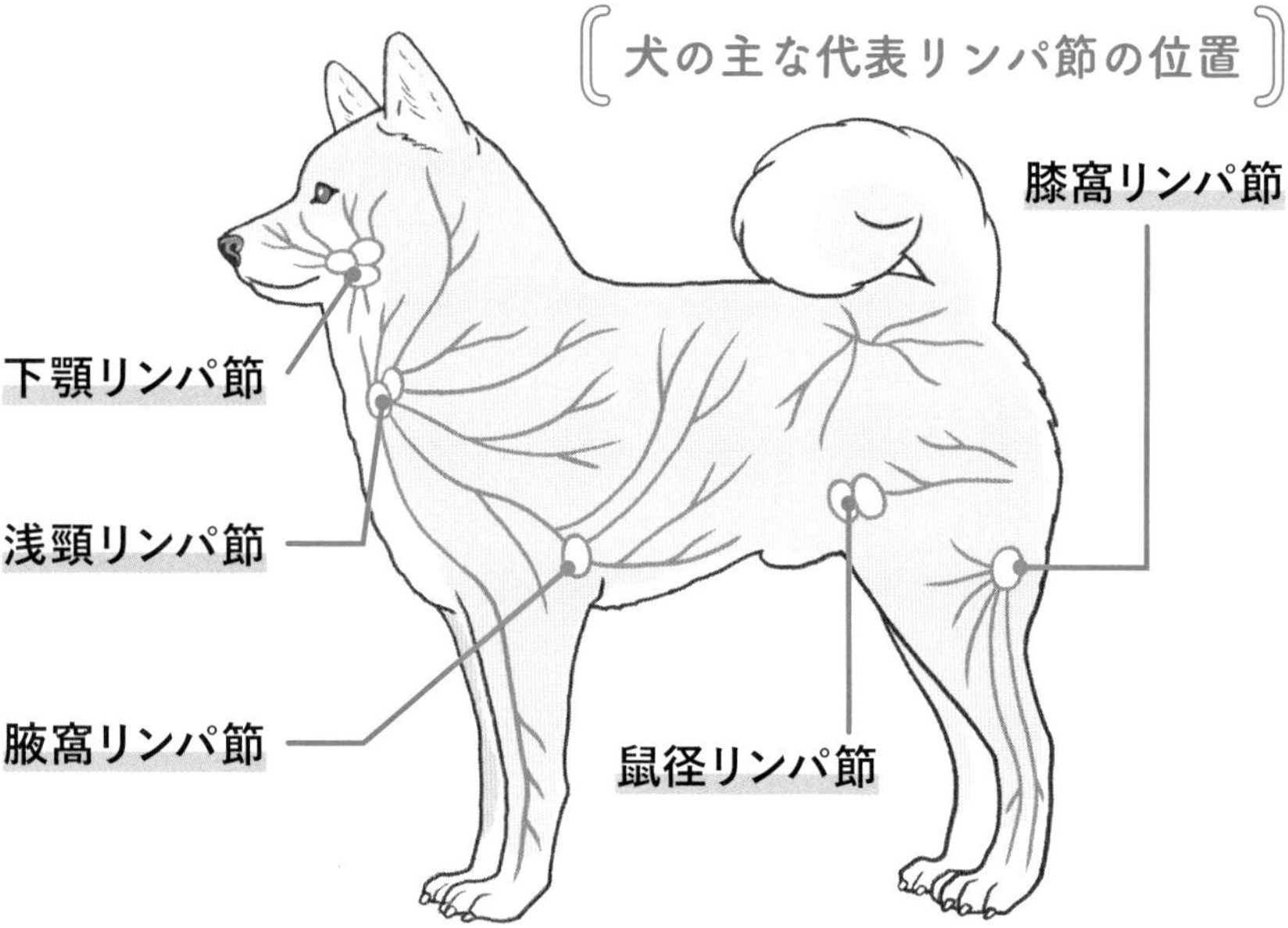

膝窩リンパ節
下顎リンパ節
浅頸リンパ節
腋窩リンパ節
鼠径リンパ節

リンパ節には、リンパ液に入り込んだ細菌やウイルスから体を守る働きがある。犬の体の主なリンパ節は5ヶ所になる。

肥満細胞腫
…ひまんさいぼうしゅ

症状

- 皮膚が赤く腫れる
- 脱毛が見られることもある
- 嘔吐や下痢、吐血

原因

全身の様々な場所に発症する腫瘍。皮膚や皮下組織にでき、腫瘍の大きさは様々。単独で発生することもあれば、多発することもある。胃潰瘍を起こすこともよく知られている。肥満細胞腫の細胞質に含まれる顆粒にヒスタミンというストレス物質が入っていて、顆粒が破裂するとヒスタミンが過剰に放出され、胃潰瘍の原因になる。

他の皮膚腫瘍とは区別がつきやすいので、針生検で肥満細胞腫を診断する。グレードが高いほど悪性度が高く、6ヶ月程度で死に至ることもある。脾臓や肝臓への転移はよくあるが、肺に転移することはほとんどない。

治療

外科的に切除する方法が一般的。肥満細胞腫は境界が不明瞭なので、広さも深さも、距離を大きくとって広範囲に切除する。その後、放射線治療を行うことも多い。グレード1は、摘出するだけでよいが、グレード2以上はステロイドや抗がん剤、分子標的薬等の内科的治療を選択する。

悪性度が高い腫瘍なので、早期発見が重要となる。そのために飼い主が日々マッサージなどで犬の皮膚の肌をチェックすることが望ましい。

悪性組織球肉腫
…あくせいそしききゅうにくしゅ

症状

- 寝ていることが多い　・食欲低下
- 貧血　・呼吸が早くなる

原因

組織球という細胞が増殖して起きる悪性腫瘍。発症例はそれほど多くないが、発症すると急速に広がっていき、悪性度の高い腫瘍である。壮年から老齢にかけての発症が多いが、まれに若年でも発症する。原因は不明だ。

発生する場所で症状は異なるが、貧血や呼吸器、消化器の障害が現れることが多い。転移の可能性も高く、肝臓や肺への転移が多く見られる。

治療

レントゲン検査や細胞診、CT検査などで病名が確定したら、外科的治療で腫瘍を切除することが望ましい。切除できない場合は抗がん剤治療を行う。腫瘍が広がっていない場合は、放射線治療を選択することもある。

治療を行っても予後は良くなく、余命宣告を受けることも少なくない。

血管肉腫 …けっかんにくしゅ

症状

・貧血
・お腹が大きくなった

原因

血管の存在する場所すべてで発症する可能性のある、非常に悪性度の高い腫瘍。とくに脾臓や肝臓、心臓、皮下織での発症例が多い。腫瘍が破裂して救急搬送されるか、超音波検査で偶発的に発見されることが多い。**あらゆる臓器へ転移する可能性がある**。

治療

血管肉腫は破裂する危険性が高く、腫瘍が破裂して腹腔内出血を起こして救急搬送されてくることも多い。その**ため手術前の針生検は行わず**、**超音波検査やCTで腫瘤の状態を確認する**。

骨肉腫 …こつにくしゅ

症状

・跛行

原因

原因は不明。骨肉腫はその**8割ほどが四肢の骨の末端で発症**する。痛みによって跛行が現れるが、レントゲンで明瞭に見られた時には、すでに肺に転移していることが多い。初期はレントゲン検査で発見しにくく、早期発見にはCT検査が有用である。

治療

診断は骨生検にて行う。**治療は断脚を選択する場合がほとんど**。放射線や内科的治療は痛み軽減を目的としているため、病気の進行は止められない。

甲状腺腫瘍 …こうじょうせんしゅよう

症状

・頚部の腫瘤　・呼吸困難
・顔面が腫れる　・嚥下困難

原因

発見される**甲状腺腫瘍のほとんどが悪性の甲状腺癌**である。浸潤性の強い癌で、リンパ節や肺、肝臓に転移しやすい。頚部の超音波検査によって腫大した甲状腺を確認できる。ただし、異所性甲状腺腫瘍は定位置には見られないので、注意が必要である。

治療

多くは高カルシウム血症を起こすので高カルシウムの鑑別診断で発見される場合も。**最良は外科的切除**だが、放射線治療などと組み合わせて治療することも。甲状腺を摘出する場合は術後**に甲状腺ホルモン剤を投与し続けなければならない**。定期的にホルモンの定量検査も行う。**転移する可能性が非常に高い**ので継続的な検査も必要だ。

扁平上皮癌 …へんぺいじょうひがん

症状

・皮膚のしこり、潰瘍
・出血

原因

耳や鼻の先端、指の先、口内に発生しやすい悪性腫瘍で、しこりを作るタイプと潰瘍を形成するタイプがある。原因ははっきりしていないが、紫外線や外傷など長期間にわたる刺激も原因の一つとされている。高齢犬や白毛の犬に発症例が多い。

口腔の粘膜にできたものは表面が脆くて出血しやすく、進行すると顎の骨やリンパ節に転移する可能性がある。とりわけ舌の根元と扁桃に発症した腫瘍は転移しやすい。

治療

基本的には外科的治療で病変部を切除する。皮膚の癌の場合、病変部だけでなく、その周囲も含めて広めに切除することで完治を目指す。

口内の腫瘍の場合は、顎の骨に転移していることが多いので、顎の骨の一部を切除することがある。

外科的治療が難しい場合は、放射線治療を行うこともある。

悪性黒色腫（メラノーマ） …あくせいこくしょくしゅ

症状

・出血　・ヨダレが出る
・口臭が強い

原因

粘膜、皮膚にできる悪性腫瘍で、メラノーマともいう。とくに舌や口蓋、粘膜など口腔内に発生する例が多い。原因ははっきりしないが、歯周病との関連が示唆されている。

初期では症状がほとんど見られないが、進行して腫瘍が大きくなると、ヨダレが出やすくなったり出血があったりする。食べ物も飲み込みにくくなり、口が異様に臭くなる。腫瘍な骨などに浸潤すると骨を破壊し、顔の形が変わることも。悪性度が高く、急激に大きくなったり、初期段階でもリンパ節や肺に転移していることもある。

治療

扁平上皮癌と同様に、かなりの初期段階で摘出しない限り、経過はよくない。外科的治療で病変部を切除するが病変部だけでなくその周囲も含めて広めに切除する。その他、放射線治療なども併せて行う場合もある。

転移する可能性が非常に高く、予後も良くない悪性腫瘍なので、歯磨き時に口腔内をチェックして早期発見に努めることが重要。なお、黒くない無色素性悪性黒色腫もある。

愛犬の身近にある
中毒の原因

有名なタマネギやチョコレート以外にも、犬には中毒症状を引き起こしかねない危険な食べ物、植物が数多くある。ここではとくに注意しておきたいものを紹介する。

1

危険な食べ物

調理中に落としたり、子どもの食べこぼしにも注意。

ネギ・タマネギ類

ネギやタマネギの中に含まれる「アリルプロピルジスルフィド」は犬の体に吸収されると、赤血球を破壊する。一度に大量に破壊されると溶血性貧血を起こし、最悪の場合は死に至る。

主な症状

・貧血を起こしてふらつく
・血尿・血便　・下痢　・嘔吐
・歯茎や目の粘膜が白くなる　など

ココア・チョコレート類

ココアやチョコレートの原料になるカカオには「テオブロミン」が含まれている。人間には問題ない成分だが、犬には嘔吐やけいれん、発熱、心臓発作などを引き起こす可能性がある。飲料だけでなくココアパウダーもＮＧ。

主な症状

・嘔吐　・けいれん　・発熱
・心臓発作　など

ブドウ・レーズン類

なぜ中毒を起こすのか原因ははっきりしていないが、犬が摂取すると、嘔吐、下痢、食欲低下などが認められ、急性腎不全を引き起こす。生のブドウの果肉だけでなく、レーズンやブドウの皮も同様に危険。

主な症状

・嘔吐・下痢
・重篤な腎臓の障害　など

コーヒー・緑茶類

「カフェイン」が入っているコーヒー、紅茶、緑茶、烏龍茶、コーラなどは、すべて犬に有害。カフェイン中毒を引き起こす可能性がある。最悪、死に至る場合も。コーヒーや紅茶のパウダーやこれらを含むお菓子にも注意が必要。

主な症状

・過度の興奮　・大量のヨダレ
・下痢・嘔吐　・けいれん　など

キシリトール類

キシリトールは人工甘味料。犬が摂取すると「キシリトール中毒」を引き起こし、激症肝炎を発症する可能性がある。机の上のガムやキャンディーを食べてしまった、歯磨き粉を舐めてしまった、などに注意。

主な症状

・嘔吐・下痢　・ぐったりしている
・低血糖症　・黄疸（肝不全）など

マカデミアナッツ

原因は不明だが、犬が食べると中毒症状が出る。マカデミアナッツはケーキやクッキーなどに使われることも多いので、合わせて注意しておく。

主な症状

・嘔吐　・けいれん　・発熱
・足に力が入らなくて立てない　など

ぎんなん

ぎんなんは人間でも食べ過ぎると中毒が起きてしまう食べ物。犬も同様で含まれる「メチルビリドキシン」がけいれんやてんかん発作を起こすとされる。散歩中、好奇心旺盛な柴犬が落ちているぎんなんを食べてしまわないように注意しておきたい。

主な症状

・呼吸が荒い　・不整脈
・けいれん、てんかん発作

・嘔吐・下痢　など

2 身近にある危険なもの

何気なく置いたものに犬が興味を惹かれることもある。

人間用の薬、サプリメント

飼い主が飲んでいる薬やサプリメントに興味を示す犬は少なくない。中でも、甘くコーティングされた糖衣錠は喜んで食べてしまうことが多い。しかし、薬に含まれる成分によっては命取りになるので要注意。

主な症状

・胃炎や胃潰瘍が多いが、薬によって様々な症状が出る

ネイル除光液

ネイルの除光液は、化粧品の中でも揮発性と毒性が高いもの。蒸気を吸うだけで嘔吐や頭痛を引き起こすことがある。粘膜に付着すると炎症を起こす。犬が同じ空間にいる場合は扱わない方がよい。

主な症状

・嘔吐　・頭痛　・ふらつく
・皮膚の炎症　など

タバコ

含まれる「ニコチン」によって中毒症状が出る。まだ吸っていないタバコよりも吸い殻を水に入れた状態のものを口にしてしまうと、吸収が早くて危険。吸い殻が浮かんだ水もNG。

主な症状

・嘔吐・下痢　・呼吸が速くなる
・過度の興奮　・大量のヨダレ　など

殺虫剤・防虫剤

「ホウ酸」を大量に含むゴキブリ用殺虫剤や、「パラジクロロベンゼン」を含む防虫剤は、中毒症状を起こす可能性が高い。ありがちなのが置き型殺虫剤を食べてしまうこと。犬の目線・動線を確認して設置したい。

主な症状

・嘔吐・下痢　・大量のヨダレ
・けいれん　・過度の興奮　など

香水・化粧品

香水には「アルコール」、化粧品の一部には「過ホウ酸ナトリウム」が含まれていて、これらが犬に中毒症状をもたらすことがある。ハンドクリームや日焼け止めを塗った手を犬が舐めないようににも注意したい。

主な症状

・嘔吐　・ぐったりしている
・食欲が落ちた　など

観葉植物

部屋のインテリアとして人気の高い観葉植物だが、犬にとっては有害である場合も多い。柴犬の場合、好奇心から葉っぱをかじったり、時に根っこを掘り返したりして、有害物質を口にしてしまう可能性もある。植物の種類と摂取量によって中毒症状は異なるが、嘔吐や口腔内の激しい炎症などを引き起こすことが多い。

観葉植物を購入する前に、安全性を確認すること。また、犬が届かないところに飾る、近くに近寄れないなど、物理的な防止方法を考えること。

代表的な観葉植物

・アイビー……口腔内炎症、大量のヨダレ、喉の腫れ、嘔吐など
・ディフェンバキア……口腔内炎症、喉の腫れ、嘔吐など。大量に摂取す

ると腎不全を引き起こす。

・ドラセナ（幸福の木）……嘔吐、食欲低下、大量のヨダレなど

3 外にある危険なもの

散歩が大好きな柴犬だからこそ注意しておきたい。

除草剤

除草剤には犬の体にとって強い毒性を持つものもある。草を食べたり舐めたりして体内に入るだけでなく、皮膚からの摂取や、空中に漂う薬剤を吸収してしまう場合も。散布の時期には散歩コースで行われていないか確認を。

主な症状

・嘔吐・下痢　・けいれん
・過度の興奮　・血便　など

毒性のある動物

人間同様、犬もハチに刺されたりムカデに咬まれたりすると、腫れやかゆみ、炎症などの中毒症状が出る場合がある。犬によってはアナフィラキシーを起こす可能性もあるので、すぐに動物病院に診てもらおう。

柴犬など中型・大型犬でありがちなのが、ヒキガエルを見つけてついくわえてしまって中毒症状を起こすこと。ヒキガエルは身を守るために強力な毒液を皮膚や耳下腺から分泌する。その毒素が犬にとって有害となり、口腔内を腫らしたり、嘔吐・下痢を引き起こしたりする。虚脱や発作、運動麻痺などの症状が出ることも。

ヒキガエルがいた水を飲むだけでも中毒が起こるので注意したい。

また殺鼠剤を食べたネズミを口にして中毒を起こす二次被害もある。

毒性のある植物

観葉植物同様、街路樹や花壇の草木にも有害なものはある。庭で遊んでいる時に花壇の有害な花を食べてしまう、あるいは掘り返して球根を食べてしまう、などの危険は十分に考えられる。ここでは庭や公園、花壇でよく見かける植物を紹介する。

代表的な植物

・アサガオ　・アザレア
・アジサイ　・アセビ　・イチイ
・オシロイバナ　・カラー
・キキョウ　・キョウチクトウ
・クリスマスローズ　・シクラメン
・シャクナゲ　・ジョンチョウゲ
・スズラン　・ソテツ
・チューリップ　・パンジー
・フジ　・ユリ　など

気になる症状から 病気を調べる

飼い主が感じやすい愛犬の違和感を症状別に分類し、代表的な病名を挙げてみた。ひとつの症状だけでは判断できないので、必ず『愛犬がいつもと違う』と感じたら動物病院で診てもらおう。

食欲がない・食欲が増える

食欲が異常に増える

副腎皮質機能亢進症

水を飲む量が増える

糖尿病
慢性腎不全
副腎皮質機能亢進症
子宮蓄膿症

食欲がまったくない

腸閉塞

食べているのに痩せる

心不全、肝不全、
腎不全、膵炎、
膵外分泌機能不全
炎症性腸炎、腫瘍

ヨダレが多い

口内炎・舌炎
食道炎
誤飲・誤食

※食欲は健康のバロメーター。内臓の異常、免疫の異常、関節の異常など、上記の病気以外でも、体に不調を感じると食欲が落ちる（もしくは異常に増える）ことがほとんど。いつもと違う、と感じたら動物病院に相談を。

歩き方がいつもと違う

立ち上がりにくい

股異形成
馬尾症候群
前十字靱帯断裂
脳の障害

立てなくなった

椎間板ヘルニア

足を引きずる

関節炎、
膝蓋骨脱臼・股関節脱臼
前十字靱帯断裂

跛行する

股異形成
前十字靱帯断裂
膝蓋骨脱臼

つまづく、よろめく

前庭障害

体がふらついている

脳の障害
急性膵炎
免疫の障害
股異形成
馬尾症候群

嘔　吐

水を飲んでも吐く

腸閉塞
急性胃腸炎

食べなくても吐く

胃酸分泌過多
胆石症・胆泥症
肝炎、腎炎
膵臓の障害
尿路結石

食べたあとに吐く

胃炎、急性胃腸炎
胃腸の障害
食道拡張症

下痢・便秘

下痢を繰り返す

慢性胃腸炎
会陰ヘルニア
食物アレルギー
ウイルス感染、細菌感染、内部寄生虫
消化管リンパ腫など
消化管腫瘍

水様便が出る

腸閉塞
パルボウイルス感染症、
コロナウイルス感染症

便が何日も出ない

会陰ヘルニア
前立腺肥大

血便

大腸炎

原因も
様々だね

オシッコがいつもと違う

オシッコが出ていない

急性腎不全、会陰ヘルニア
膀胱炎、尿路結石
尿管・尿道閉塞、前立腺肥大

オシッコの回数・量が増えた

慢性腎不全、尿路結石
膀胱炎、子宮蓄膿症
副腎皮質機能亢進症
副腎皮質機能低下症

排尿時に鳴く、痛そうなそぶりを見せる

膀胱炎
尿路結石
尿管・尿道閉塞

血尿が出る

膀胱炎
尿路結石
ネギ中毒
前立腺炎・前立腺肥大、
腎臓性出血
免疫介在性溶血性貧血

オシッコのにおいが強くなった

膀胱炎

いつもと体のにおいが違う

耳が臭い

外耳炎・中耳炎

口が臭い

歯周病、口内炎・舌炎
消化器の障害

皮膚の色がいつもと違う

皮膚が黄色い

肝臓障害
胆道閉塞

紫斑がある

免疫介在性血小板減少症

皮膚にブツブツがある

膿皮症
ノミ刺咬性皮膚炎

皮膚が赤い

膿皮症
ニキビダニ症
皮膚炎
アレルギー

かゆがる・脱毛がある

毛が異様に抜ける

甲状腺機能低下症
副腎皮質機能亢進症
膿皮症

フケが出る

脂漏症、
脂漏性皮膚炎
皮膚糸状菌症
爪ダニ

非常にかゆがっている

アトピー性皮膚炎
食物・ノミなどのアレルギー
疥癬、感染症

呼吸音がいつもと違っている

咳をしている

気管虚脱、
気管支炎
肺高血圧、
フィラリア症、心不全
ケンネルコフ
肺癌

いびきがひどい

軟口蓋下垂

ゼイゼイと音がする

咽喉頭麻痺
軟口蓋下垂
気管の異常
肺の異常

目の様子がいつもと違う

眼振が起こっている

前庭障害

目をショボショボさせる

角膜炎
緑内障

まばたきがうまくできない

ドライアイ
緑内障による牛眼
顔面麻痺

白目が赤くなっている

結膜炎
角膜炎
緑内障
ドライアイ

瞳の色がいつもと違う

緑内障
（緑がって見える）
網膜剥離（茶色や赤
黒く濁って見える）
眼内出血(赤く見える)

急激に痩せる・むくむ

体が全体的にむくむ

アレルギー
心臓の異常、消化器の異常
腎不全、肝不全
悪性腫瘍

急激にやせる

急性胃腸炎
腎不全、肝不全
悪性腫瘍

その他の症状

発熱している

多発性関節炎
ウイルスや細菌など
全身感染症

失神する

心臓系の異常
不整脈
脳・神経系の異常
多血症

けいれんが起こっている

てんかん
腎不全などによる尿毒症
低血糖、低カルシウム
脳腫瘍
心臓系の異常
膵臓炎
狂犬病、ジステンパー

元気がない、いつもより動かないと感じたら……

人間と同じように、柴犬も何らかの不調を抱えていると、いつもより元気がなくなったり、動きが鈍くなったりする。元気がないと気づいたら、食欲はあるか、嘔吐はしていないか、便や尿の様子に異常はないか、体を触って痛がるところはないか、体に腫れやむくみがないか、確認しよう。異常が見つかったら、すぐに動物病院へ。病気の早期発見につながる。

こんな症状は迷わず動物病院へ！

命の危険に関わる緊急性の高い症状をまとめた。
すぐに動物病院に連絡して指示を仰ぐこと。

■呼吸が苦しそう

酸素がうまく取り込めていない可能性がある。脳やすべての臓器に影響が出てしまう。

■嘔吐と下痢が2回以上続く

1、2回で収まらず1日以上、下痢と嘔吐が続くと膵臓炎や中毒など命に関わる可能性が。様子を見ず動物病院へ。

■オシッコが半日以上出ない

尿路結石、腎不全などで排尿障害が起きている可能性が。尿毒症を起こすと危険。

■突然立てなくなった、歩けなくなった

脳や神経障害の可能性が。柴犬は前庭障害好発犬種なのですぐに動物病院へ電話して指示を仰ぐ。

■便が1週間出ない

犬は本来、便秘とは無縁の生き物。便が出ないなら腫瘍や大腸の障害などの可能性が。

■けいれん発作が治まらない

通常、けいれんは数分で収まるもの。それが1日2回以上続くなら、動物病院に相談を。

■タール状の真っ黒な便が出た

寄生虫、ウイルス感染、消化器腫瘍など、様々な理由で胃腸に出血が起こっている可能性がある。

■中毒物質を飲み込んだ、触れた

162～165ページで紹介したような中毒物質を口にしたら、待たずにすぐに動物病院へ電話して指示を仰ぐ。

■吐瀉物に血が混じっている

胃内異物、重度血小板減少症、肥満細胞腫などによる胃潰瘍、胃癌、食道炎などが考えられる。すぐに病院へ。

■ぐったりしていて動かない

すぐに動物病院へ連絡して指示を仰ぐ。夏場は熱中症の危険もある。

―あ行―

悪性黒色腫 161
悪性組織球肉腫 159
アトピー性皮膚炎 141
アレルギー性皮膚炎 135
犬コロナウイルス感染症 146
犬ジステンパー 146
犬糸状菌 151
犬伝染性肝炎 147
犬パルボウイルス感染症 146
咽喉頭麻痺 31
胃炎 51
胃拡張胃捻転症候群 53
胃酸分泌過多 51
胃食道重積 52
胃食道裂孔ヘルニア 52
会陰ヘルニア 67
炎症性腸症 60

―か行―

外耳炎 142
顎関節症 41
核硬化症 21
角膜炎 20
カンジダ 151
関節炎 117
肝臓腫瘍 56
カンピロバクター 150
気管虚脱 30
気管支炎 33
気管支拡張症 30
気胸 34
急性胃腸炎 60
急性膵炎 58
急性肝炎 55
急性腎不全 73
狂犬病 148
血管肉腫 160
結膜炎 20
ケンネルコフ 147
股異形成（股関節形成不全） 124
誤飲・誤食 68
口腔内腫瘤 38
口内炎 40
甲状腺機能低下症 104
甲状腺腫瘍 160
肛門周囲腺癌 65
肛門周囲腺腫 65
肛門嚢アポクリン腺癌 66
股関節脱臼 120
骨腫瘍 118
骨折 116
骨肉腫 160

―さ行―

再生不良貧血 98
細菌性膀胱炎 77
三尖弁閉鎖不全症（TR） 90
指間炎 134
子宮蓄膿症 83
耳血腫 139
耳垢腺癌 140
歯周病 37
膝蓋骨脱臼 122
十二指腸炎 60
睫毛異常 19
食道炎 48
食道拡張症 49
脂漏性皮膚炎 134
食物アレルギー 133
心筋症 92
真菌症 131
神経系腫瘍 109
真珠腫 140
腎臓癌 75
腎嚢胞 74
心不全 93
膝蓋骨脱臼 122
膵外分泌機能不全 58
水腎症 74
水頭症 108

精巣腫瘍　80
脊髄梗塞　111
脊髄軟化症　111
舌炎　40
前十字靱帯断裂　119
先天性肝障害　56
前立腺炎　81
前立腺癌　82
前立腺肥大　81
僧帽弁閉鎖不全症（MR）　89

—た行—

大腸炎　62
大腸癌　63
大腸菌　150
大腸ポリープ　62
第4前臼歯破折　44
多血症　99
胆石症・胆泥症　70
胆嚢粘液嚢腫　57
タンパク漏出性腸症　64
中耳炎　139
腸内寄生虫　61
腸閉塞　64
てんかん　107
糖尿病　103
特発性腎出血　74
特発性前庭障害　114

—な行—

内耳炎　139
内部寄生虫　153
軟口蓋下垂　29
ニキビダニ症　131
乳歯遺残　40
乳腺腫瘍　82
尿管閉塞　78
尿道閉塞　78
尿崩症　102
尿路損傷　78
尿路結石　84
認知症　112
脳炎　107
脳腫瘍　108
膿皮症　131
ノミアレルギー性皮膚炎　136
ノミ感染症　152

—は行—

肺炎　32
肺高血圧症　90
肺腫瘍　34
肺水腫　33
白内障　24
破折・咬耗　39
パスツレラ病　150
鼻炎　29
皮膚疥癬　132
皮膚糸状菌症　143
皮膚腫瘤　137
肥満細胞腫　159
フィラリア症　91
副腎皮質機能亢進症　100
副腎皮質機能低下症　101
不整脈　92
ブドウ球菌　149
ぶどう膜炎　21
ブルセラ病　148
変形性脊椎症　110
扁平上皮癌　161
膀胱炎　76
膀胱癌　76

—ま行—

マダニ感染症　152
マラセチア外耳道炎　132
マラセチア皮膚炎　134
慢性肝炎　55
慢性腎不全　73
耳疥癬　132
免疫介在性関節炎　118
免疫介在性血小板減少症（IMT）　98
免疫介在性皮膚炎　135
免疫介在性溶血性貧血（IMHA）　97
網膜変性症　23
網膜剥離　23
門脈体循環シャント　56

—ら行—

卵巣腫瘍　80
卵巣嚢腫　102
流涙症　22
緑内障　25
リンパ管拡張症　61
リンパ腫　158
レプトスピラ病　149

監修：野矢 雅彦 先生

ノヤ動物病院院長。日本獣医畜産大学卒業後、1983年よりノヤ動物病院を開院。ペットの診察・治療をはじめ、動物と人とのよりよい関係づくり、動物にやさしい医療をめざして、ペット関連書籍の監修・執筆も多く手がけている。
著書に『犬の言葉がわかる本』（経済界）『犬と暮らそう』（中央公論新社）、監修に誠文堂新光社の「犬種別 一緒に暮らすためのベーシックマニュアル」シリーズ、など。
ノヤ動物病院
埼玉県日高市上鹿山143-19
TEL：042-985-4328　http://www.noya.cc/

STAFF

企画・進行　Shi-Ba【シーバ】編集部
テキスト　伊藤英理子、上遠野貴弘、金子志緒、小室雅子、野中真規子、溝口弘美
写真　奥山美奈子、斉藤美春、佐藤正之、田尻光久、日野道生、森山 越
デザイン　岸 博久（メルシング）
イラスト　山田優子

いちばん役立つペットシリーズ

柴犬版 家庭犬の医学

2021年5月20日　初版第1刷発行

編　者　Shi-Ba【シーバ】編集部
編集人　打木 歩
発行人　廣瀬和二
発行所　株式会社 日東書院本社
〒160-0022　東京都新宿区新宿2-15-14　辰巳ビル
TEL：03-5360-7522（代表）　FAX：03-5360-8951（販売部）
URL：http://www.tg-net.co.jp/
印刷・製本所　図書印刷株式会社

ISBN978-4–528-02351-2　C2077